JN277560

行為から解く
照明デザイン

角舘政英+若山香保
+ぼんぼり光環境計画　編著

彰国社

ブックデザイン＝氏デザイン　イラスト＝泰間敬視

はじめに

角舘 政英

　小学生のころ、丸い面状に広がっていると思っていた打ち上げ花火が、実は球状に広がっているということに気づいた。花火は下から見ても、飛行機から見ても丸い面に見える。空間という概念を理解できるようになったとき、その不思議に気づき、のめり込んでいった。

　天体において、事実上無限遠の距離にある恒星のうち、明るい星は大きく見え、暗い星は小さく見える。プラネタリウムでも明るい星は大きく、暗い星は小さく映される。心理学ではこのような大きさと明るさとの関係を「リッコの法則」で説明している。人の肉眼で星の大きさを判断することは事実上不可能であり、星の光は大きさを持たないただの点として認知される。これらの物質性、ましてや空間性は認知できない。

　色彩研究の分野では、青空のように奥行き（距離感）がつかめない平面色と、物体の表面から発せられる光の色、つまり距離が把握できる表面色を分類している。ここに、星のような点光源を位置づけるとしたら、平面色の概念に近い。打ち上げ花火を見る人は、球状に広がる手前の点と奥の点の間の距離を認知できないため、どの方向から見ても、球を投影した平面としてとらえるのである。

　展望台などから都市を見下ろすと、眼下に星空を映したかのような点光源が広がって見える。夜景は点光源の集合であり、光源までの距離をとらえるのは難しい。地形を認知している人に対してのみ、そこに潜在する距離感を誘発しているのである。意識の中で遠近を判断できたとしても、点と点との間の距離がとらえられないため、遠くの点光源の集合は緩やかにせり上がって見える。神戸などの夜景を海側から見ると、山の中腹まで開発が進んだ街の光の集合を見ることができる。光だけを見ると、まるで垂直に立っているかのようである。一方、東京の夜景を遠方から見ると、高層ビルの航空障害灯の群が一列に並んでいるかのように見える。

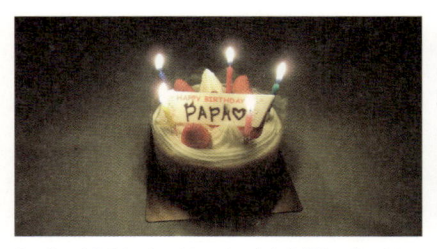

ケーキのろうそくはとてもシンプルだが、幻想的で豊かなあかりの空間をつくってくれる。こんな日常的な光を私たちは忘れている

カーテンウォールのディテールに合わせてLEDを配置した高層ビル。点光源を用いることで、ファサードとの距離感やボリューム感が喪失され、ディテールの細かな立体感が演出されている。ファサードの迫力が都市に浮かび上がる（宇波東部新城）

　認知と距離の間に生じるこうした差異が不思議な違和感をもたらし、夜景の魅力を引き出しているのかもしれない。

　こうした夜景をつくる点光源は、人の存在・文化を示す光でもあるが、日本の照明文化の歴史は、ある時代で途切れている。有史以来、燃焼光源を用いてきたという点は日本も西欧も変わらない。しかし西欧では、ろうそくから石油ランプ、電球へとその光源の種類を変えても、スタンド、ブラケット、ペンダントといった照明スタイルは変わらず、ひとつの流れを保っている。それに対し、日本ではあんどんなど、スタンド形式の照明が古くから利用されていた。しかし、電気で点灯する光源を輸入したことにより、住生活の中にペンダントという形式が導入され、大きな変化がもたらされた。たしかに、天井から吊り下げられた照明は、部屋の隅々にまで均一な明るさを供することができる。しかし、必要なところに必要な光を用意するという日本のあかりの歴史はここで途切れたといっても過言でない。

　日本の文化とあかりの関係を明確にすれば、そこには独自のゆるぎない照明のあり方が提示できる。全体を照らす大きなあかりではなく、かつてのあんどんのような、小さなあかりで生活するためには、あかりの性能を理解しなければならない。あかりには、その土地の文化性が可視化され、これらの集合が地域の独自性として街にしみ出る。

　新しい技術やスタイルだけでなく、私たちが大事にしていかなければならない生活を再考するプロセスが、今こそ不可欠であろう。

点光源による演出の可能性を追求するため、グラウンドいっぱいに光を配置。点光源の特性を生かして、より広く感じるように配列を検討した。いつものグラウンドが都市空間へと変容している〈武蔵野美術大学造形学部空間演出デザイン学科 2005年2年前期・空間演出デザインI照明実習・グループ作品〈指導：角舘政英〉〉

目次

　　　　　　はじめに　角舘政英　　　　　　　　3

第1章　行為から解く　　　　　　　　8
　　　1 座る　　　　　　　　　　　10
　　　2 横になる　　　　　　　　　18
　　　3 食べる　　　　　　　　　　26
　　　4 読む・書く　　　　　　　　34
　　　5 歩く　　　　　　　　　　　44
　　　6 運転する　　　　　　　　　52

第2章　あかりからのまちづくり　62
　　　文化的財産　　　　　　　　　66
　　　地形的財産　　　　　　　　　71
　　　安心・安全　　　　　　　　　78

第3章　光のディテール　　　　　86
　　　スイッチ　　　　　　　　　　88
　　　光の場面　　　　　　　　　　90
　　　見えない納まり　　　　　　　94

COLUMN

1	「座る」とき、私たちのしていること	13
2	料理の見え方は、光によってこんなに変わる	29
3	キッチンには、調理に十分な明るさを確保する	29
4	映画に登場する会議室の光に学ぶ	41
5	ハンディキャップ者のための光	43
6	光によって、主観的輪郭をつくる	47
7	ドライバーの視野を横長に	55
8	地形や建築物の輪郭を浮かび上がらせるトゥインクルライト	73
9	ファサードに人のアクティビティをしみ出させる	85

鼎談 人が親しみを感じる光の「うまみ」　　102
手塚貴晴 × 手塚由比 × 角舘政英

註　　100
収録作品データ　　112
おわりに　角舘政英＋若山香保　　115
写真クレジット　　116
略歴　　117

第1章
行為から解く

光と人・空間の関係を解くことで、
その空間に本当に必要な光環境が見えてきます。
本章では基準や照度といった
視点からだけでなく、人の行為を中心に
光の意味を考えます。

1 座る

椅子に座るとき、私たちは以下の一連の動作を行っています。

1. 座る場所を認識する
2. 座る場所の形状を確認する
3. 座る

　座ろうとする場所に、座ったことがあるかないかによって、1～3の動作に求められる光は異なります。たとえば、住宅やオフィス、学校の自席などいつもの場所でいつもの椅子に座るとき、1・2の行為はほとんど無意識に行われます。これは椅子のある場所や形を認識しているからです。ほとんど椅子を見ることなしに座れるため、極端なことを言えば、光は必要ありません。

　一方、よく知らない場所、初めて行く場所で座る場合、1・2の動作が重要になります。初めて訪れた広場や駅、建物のロビーでベンチを探した経験がある人も多いのではないでしょうか。夜間でもこの動作がスムーズにできるよう、座る場所を示すサイン的な光やその場所の状況を認識させるための光が必要です。

椅子の形状を認識させる光

　サイン的な光があることで、椅子の認知がしやすく、座る場所をみつけやすい。上からの光よりスタンドや椅子に組み込んだ照明など、椅子に目がいきやすい光の位置であることが望ましい。

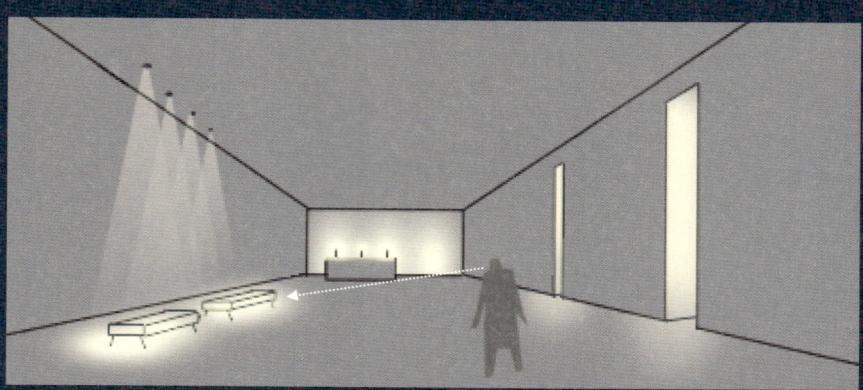

歩行者が、ロビーやバス停の椅子、休憩用のベンチなどを認識する光の概念図。人の視線は光のあるところに誘導される。まわりの照明と異なる手法を採用すると、よりわかりやすいサイン的な光となる

座る場所の形状を認識させる光

座面の状態や椅子の形状がわかると、人は安心してスムーズに座ることができる。周囲の光との関係、椅子のデザイン、メンテナンス条件などを考慮して設置する。前述したサイン的な光を兼ねる場合も多い。

椅子に光を組み込む場合、メンテナンスが難しいことが多いため、LEDなど長寿命の光源を用いる。座面の形状と安定性を認識させる

ダウンライトなどによって、椅子の形状を認識させる。読書などの行為が予想される場合、座面より高い位置からの光を用意するとよい

「座る」とき、私たちのしていること　　COLUMN 1

座る行為を分析すると、概ね以下のような流れであることがわかる。座る場所の認知から、座る場所の形状の確認までスムーズに移行できるよう、空間特性や周囲の照明との関係に留意する必要がある。

1. 座る場所の認識
（座る場所を探してどこに座るか決める）
空間の中で場所を認知できる光が必要

2. 座る場所の形状の確認
（形や素材、状態のチェック）
椅子の形状がわかる光が必要

3. 座る
（手をつく、荷物を置く場合も含む）
特に光を必要としない

広 場

座る場所がわかるサイン的な光を設置

　駅前や広場のベンチなど、不特定多数の人が訪れる場所では、初めての訪問者でも座る場所がわかりやすいサイン的な光が必要になる。座面の位置や高さを認識させるために、座面の上に照明を設置する、座面自体を発光させるなどの手法がある。

イベント時などの仮設的なベンチでは、置き型の簡易な照明でもサイン効果がある（大塚天祖神社・いちょう祭り）

座面の状態を確認できる光を設置

　ここで紹介する駅前広場のベンチは、屋外ということもあり、座面が濡れていたり汚れているなどの状態がわかりやすいよう座面を発光させている。この光は、訪れた人に椅子の場所とともに、形状や状態を認識させる役割も果たしている。

座面を明るくすると、その場所を示すだけでなく座面の状態、物が置かれているかどうかなどが、認識しやすい（さいたま新都心　歩行者デッキ）

歩行者デッキの横に椅子があることがすぐわかる（さいたま新都心　歩行者デッキ）

ロビー

空間の境界に光を置く

　ホテル、集合住宅、オフィスなどのロビーは、その施設にとって特別な空間性が求められる。椅子やテーブルまわり、近くの壁や柱に光を置くと、そのエリアが認識しやすくなる。また、人を囲むこうした光は座る人に安心感を与える。

境界に光が置かれていると、座れる場所がわかりやすくなる。また、まわりの空間や境界が見えていると、人は安心してくつろぐことができる（旧喜瀬別邸 ホテル＆スパ）

座っている人の行為に合わせた光を置く

　雑誌や資料を読む、会話をする、お茶を飲むなど、座っている人の行為に配慮した光を置く。たとえば、座面より高い位置から光が当たるようなスタンドライト、ダウンライトなどを用意する。

上：ガラスの壁に沿ってスタンドライトを並べると、椅子の背面が明るくなり、人を誘導しやすくなる。ここでは、スタンドの足を床に埋め込むことで、すっきりした空間を生み出している（スカパー本社　東京メディアセンター）
右：書類を読む、お茶を飲むなど、座る人の行為に合わせ、座面より高い位置に照明器具を用意する

住 宅

必要最低限の光でいい

　食事や読書をする、勉強する、テレビを見るなど、住宅ではさまざまなことが行われるが、座るという行為に限れば、光はほとんど必要ない。使い慣れた椅子のことはよく把握しているから、その位置がなんとなくわかる程度の光があれば十分である。位置が変わらなければ、暗闇の中でも手探りで座れるだろう。座ったあとで何をするかによって必要な光は異なってくる。

椅子の横に置かれた低いフロアスタンド。椅子の位置がわかる光（上：壇の家。下：輪の家）

横になる

2

人が横になるのは、寝室で休むときだけではありません。本を読む、エステで施術を受けるなど、さまざまな場面が想定できます。また、仰向け、うつぶせ、横向きなど、視線の向きもさまざまです。ベッド上で姿勢を変えるたび、まぶしい光が目に入ってきたらとても不快です。そこで想定される行為や場面を丁寧に抽出し、照明の配置、そして横になる人が操作しやすいスイッチの位置や種類の検討が大切です。
　また、医療施設や介護施設では、病状やハンディキャップの状態によって、ベッドで横になる人の行為に制限が生じます。医療や介護を受ける人の動き、また、医者や看護師、介護士のオペレーションに応じて、ベッドの置き方、照明・スイッチの位置など、より繊細な照明計画が求められます。

妨げにならない光

　横になっている人の頭が動く範囲は狭い。しかし、仰向け、うつぶせなど、姿勢によって人の視線は上下左右さまざまに動く。その場で想定できる動作を丁寧に抽出し、それをサポートする光を提供しつつ、グレア*などが生じないように計画することが大切である。

　グレアの発生を避けるためには、目線より下の低位置に光を置く（スタンドライトなど）、壁面に光を置く（ブラケットなど）といった方法が有効である。ただし、枕元などに設置すると光源が目に近くなり、かえってまぶしさを引き起こす場合もあるので注意が必要だ。

　また、天井に光を置く場合、頭上の設置は避け、グレアレスタイプのダウンライトを使うなどの配慮が場合によっては必要だろう。

*グレアとは、人に不快感を与え、物が見えにくくなる状態を生み出す輝きやまぶしさのこと。照明器具の輝度（光源の明るさ）が高過ぎたり、鏡の反射によって起こりやすい。

仰向け、うつぶせ、起き上がり、横向きなど、ベッド上でのさまざまな動きを想定した照明計画

住宅・宿泊施設の寝室

主照明は視野の外に置く

　寝室で横になる人の目に直接光が当たらないよう、主照明の位置や機器を検討する。グレアレスタイプの器具を用いても、設置する位置によってはグレアが生じる。また、横になったまま照明を操作できるよう、枕元やヘッドボードにスイッチを設置することも心がけたい。

住宅の寝室。仕切り建具にブラケットを設置している（輪の家）

読書灯の有無を検討する

　ヘッドボードや天井に読書灯を組み込む場合、主照明と読書灯のスイッチを分け、それぞれ制御できるようにする。読書灯を設置しない場合は、必要に応じて移動できるスタンドライトを用意するとよい。

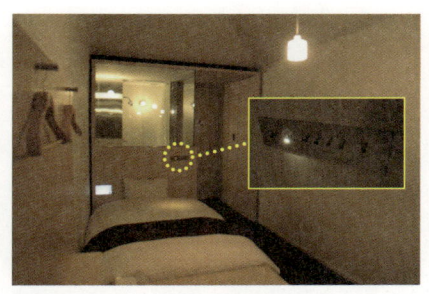

研修所の寝室。ヘッドボードに読書灯を用意。その横には読書灯、天井のペンダントライトなどを操作するスイッチも設置（DNP創発の杜　箱根研修センター2）

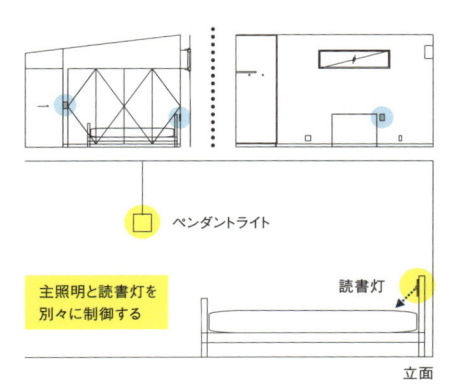

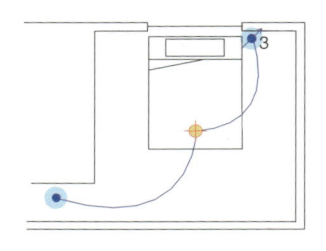

ペンダントライト

主照明と読書灯を別々に制御する

読書灯

立面

住宅の寝室。出入口と枕元にスイッチを設置。横になったままでも照明を制御できる

エステ・スパ

施術の流れに合わせた
光のシーンをつくる

　エステでは、施術の流れに沿った光のシーンをつくり、切り替えられるよう計画する。ここで紹介する事例では、①カウンセリング、②施術時、③施術後（クールダウン）、④メンテナンス・準備という4つの場面を想定し、それぞれに対応した光のシーンを計画している。

施術ベッドの光は横になっているゲストの邪魔にならないよう設置する。ここでは、ゲストが外の風景を楽しめるよう、窓の外に低い光を用意した（旧喜瀬別邸 ホテル&スパ）

1 カウンセリング

カルテなどが読める光を用意

2 施術時

中から外に視線が抜ける

施術を受けるゲストが外の景色を楽しめる光を用意

3 施術後

光の重心を下げて暗くし、ゲストをクールダウンに導く

4 メンテナンス・準備

空間全体がチェックできるよう、上部からの光を用意

施術の流れに応じたスイッチの設置

エステでは、施術者の作業内容や動きをよくヒアリングし、スムーズな照明操作をうながすスイッチの種類、位置を検討する。

① カウンセリング、② 施術時、③ 施術後、④ メンテナンス・準備という施術の流れに合わせてシーンを切り替えるスイッチ

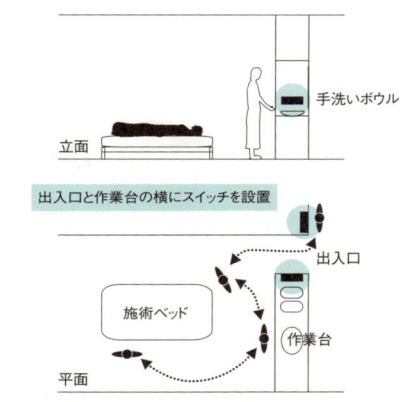

エステの施術室。エスティシャンの動きや施術の流れに合わせて、使いやすい位置にスイッチを設置。作業台の光は横になっているゲストの邪魔にならないように配慮する

空間に広がりを感じさせる

エステやスパでは、施術に合わせた光のほか、ゲストがゆっくり過ごすことのできる照明計画が求められる。その場合、空間に広がりを与える光を提供するとよいだろう。たとえば庭に面したスパの場合、庭に光を設置して、ゲストの視線を外部に導く。人は空間の広がりを感じると、リラックスできる。

ビルの一室などの小さな空間でも、光の強さや量によって壁や天井などの境界をあいまいにし、空間に広がりを生み出すことはできるだろう。

スパの照明計画の初期スケッチ。ゲストに空間の広がりを感じさせる計画を提案（旧喜瀬別邸 ホテル&スパ）

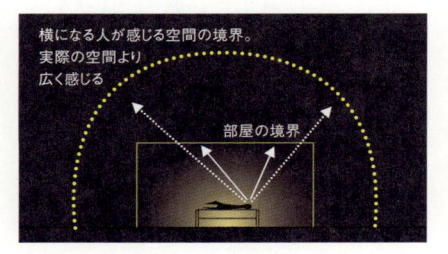

部屋の境界認知があいまいになると、人はそこに空間の広がりを感じる

保 育 園

保育園のアクティビティが活発な時間。子どもたちが遊びやすいよう全体を明るくする。電球色と昼光色の照明を点灯し、色温度を高くしている

保育園のお昼寝時。照度と色温度を下げ、動きの少ない状態に対応した光の場面をつくる（りすのき保育園）

1日のアクティビティに対応した光を計画する

　保育園では、遊ぶ→食事→お昼寝→遊ぶといった行為が日々展開されている。朝から夜までの活動の流れに応じた光の場面を計画し、切り替えられるオペレーションを用意したい。

　アクティビティが活発な時間帯は、子どもたちが思い切り遊べるよう、空間全体を明るくする。一方、お昼寝時は光の重心を下げ、極力暗くすることが望ましい。とはいえ、保育士が子どもの状態を確認できる明るさは確保すること。天井照明、壁面照明、床置き照明の使い分けができると、より多様性を生み出すことができる。

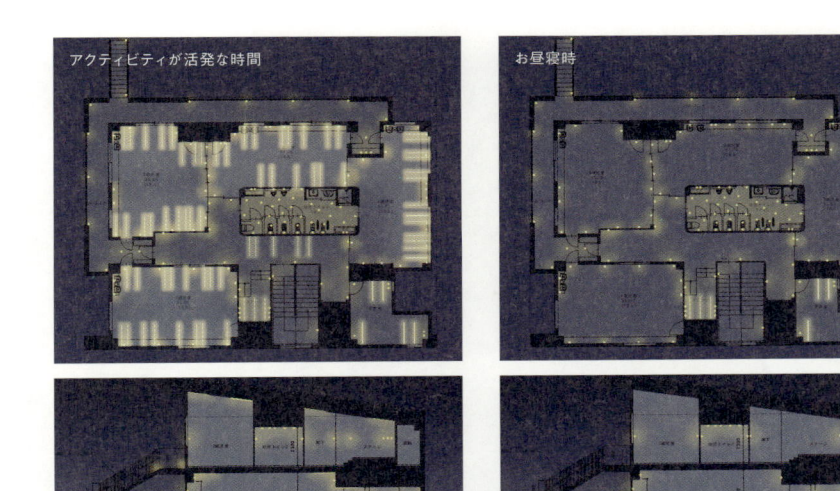

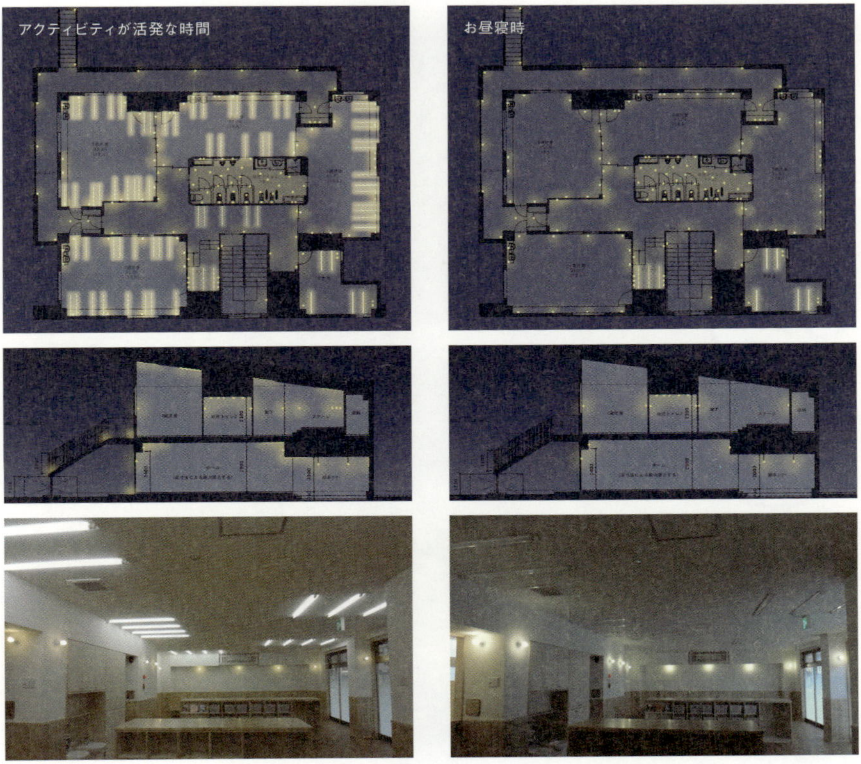

アクティビティが活発な時間　　　　　　　　　お昼寝時

子どものアクティビティが活発な時間（左）とお昼寝時（右）という2つの場面に応じた照明計画。アクティビティが活発な時間は空間全体を明るくし、床面照度は300ℓx以上確保する。お昼寝時は、壁面照明のみ点灯して光の重心を下げ、床面照度は50ℓx程度確保している（グローバルキッズ菊名園）

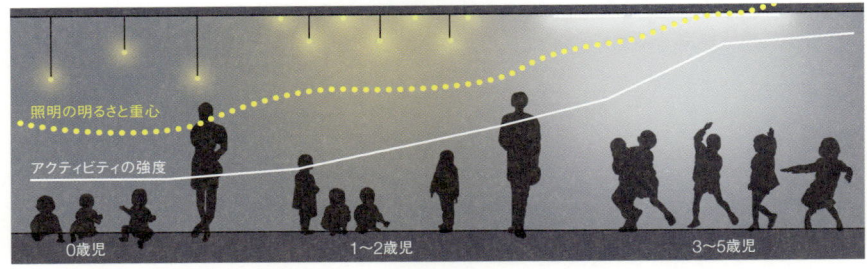

照明の明るさと重心
アクティビティの強度

0歳児　　　　1〜2歳児　　　　3〜5歳児

子どもの年齢によって活動の種類や範囲は異なる

3

食べる

私たちが料理を食べる場所には、住宅のダイニング、オフィスや学校の食堂といった日常的な食の空間、そして、レストランやバーなど特別な食の空間があります。前者と後者で大きく異なる設計条件は、料理の「魅せ方」です。日常的な食の空間では、特別な演出は求められませんが、レストランやバーでは、とても大切な検討事項です。料理の「魅せ方」は、店のコンセプトやシェフの考え方によって異なるため、料理の内容、食器、サービス方法などを入念にヒアリングする必要があります。

　食物を摂取するだけなら光は必要ないかもしれません。しかし、食べるという行為は、味覚だけでなく、嗅覚や視覚、触覚など、人間の五感を刺激します。料理を目で楽しんだり、食事をする場の空間特性を感じられる光があるからこそ、人は食べる行為を一層深めることができるのです。

料理を「魅せる」光と「魅せない」光

　レストランなど特別な食の空間では、どのようなお客様に対してどんな料理を、どのような食器でどう提供するかという、つくり手の意図を最大限に演出する光の手法（照度、色温度、光源）を検討する。一般に、指向性のある光（スポットライトやダウンライトなど）や小さい点光源を用いると料理につやを生み出すことができる。

光で料理を演出する

レストランのテーブル席。スポットライトでテーブル面を照らして、周囲から浮かび上がるようにしている（AIP　青葉亭）

　住宅のダイニングなど日常的な食の空間では、特別な演出は求められない。テーブルに置かれた料理と食器が見える最低限の光があれば、人は食器を扱い料理を食べることができる。

食べるために必要な最低限の光を用意する

住宅のダイニング。天井にペンダントライトを設置し、テーブル中央を照らす（陽を捕まえる家）

料理の見え方は、光によってこんなに変わる　　COLUMN 2

　照明器具や色温度によって、料理や食器の見え方は異なる。また、食器の形によって光が集中する場所も変わる。料理を「魅せる」光は、以下のような現象を考慮して計画したい。

左：蛍光灯、
色温度5,000K
右の写真に比べ、イチゴが平坦な印象

右：スポットライト（電球色）、
色温度3,000K
イチゴの頂点に光が集まり、みずみずしさが感じられる

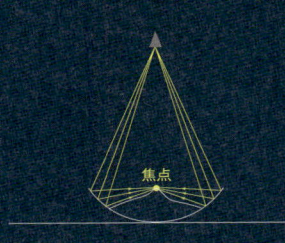

影が落ちているにもかかわらず、皿の中央が光っている（左）。これは、皿の周縁部に反射した光が皿の中心に集まり焦点を結んでいるためである（右）

キッチンには、調理に十分な明るさを確保する　　COLUMN 3

　包丁などを扱う調理には、細かい文字を長時間読むのと同じくらいの明るさが必要である。キッチン全体を明るくする必要はないが、包丁を扱う手元部分には高い照度が必要だ。
①作業効率の向上（切る）、②食器や食物の洗浄具合の確認（洗う）、③コンロの火や鍋の中の確認（煮炊きする）、という3つの目的を果たすための照明を計画しよう。それぞれのキッチンの空間特性に応じて考えたい。

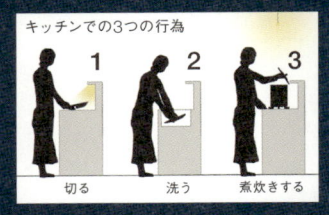

キッチンでの3つの行為
1 切る　2 洗う　3 煮炊きする

手元灯を用意して作業台に十分な明るさを確保。空間全体を明るくするより効率的である。深鍋の中を確認するために、コンロの上には別途光を設置している（腰越のメガホンハウス）

レストラン・バー

レストランのカウンター上とパンチングメタルの裏に設置した照明は調光可能。パンチングメタルに写された樹木の模様を浮かび上がらせつつ、カウンターの上の料理や食器をしっかりと「魅せる」明るさのバランスを成立させている（AIP　青葉亭）

空間を演出する

　ここで紹介するレストランでは、森の中にいるかのような空間の演出が求められた。そこで、樹木のシルエットパターンで穴をあけたパンチングメタルで空間を覆い、その裏側に照明を設置。ほどよい光が室内に漏れ、そこに写された樹木を浮かび上がらせている。

　設計段階でモックアップをつくり、パンチングメタルの裏側にゲストの注意が向かない（目の焦点が合わない）穴の大きさを検討した。パンチングメタルの裏側を均等に照らしつつ表から見えない位置にミニクリプトンランプを設置している。また、調光により、ディナータイムとバータイムという２つのシーンを生み出している。

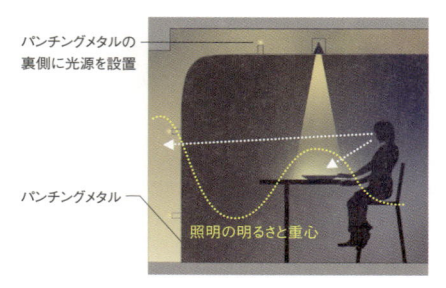

テーブル上のダウンライトとパンチングメタルの穴から漏れる明るさのバランスによって、ゲストの視線をコントロールする

パネルの裏側。光源が表から見えず、樹木の模様がきれいに浮かび上がる設置場所を検討した

寿司屋内観。ゲストは寿司を味わいながら、カウンター越しに職人の技を目で楽しむことができる。写真左壁面のスポットライトで職人の手元を照らし、板場＝ステージとなるような演出をしている（鮨 銀座 ありそ）

テーブルコーディネートを際立たせる

　黒い空間の中で料理をみずみずしく「魅せる」ためには、点光源の選択が有効である。左頁のレストランでは、食器と料理を実際に照らしながらシェフと一緒に検討し、色温度は2,800K（ケルビン）、狭角のダイクロハロゲンランプ60W、70％調光の照明計画を進めた。

厨房を「魅せる」光をつくる

　厨房もゲストの目に触れるインテリアの一部ととらえ、電球色で調光のできるスポットライトなどを使用し空間全体の色温度を統一している。調理に必要な照度、ゲストのテーブル空間と連動した調光、メンテナンスも考慮した選択である。

厨房の照明は調光可能なビームライトとし、店内と一体的な演出となるよう配慮した（ABASQUE）

大空間の食堂

社員食堂。室内の照度が均一になるよう、2種類のランプをランダムに配置した。写真は全点灯時。
色温度：4,000K／照度：600ℓx（3点とも、アステラス製薬つくば研修センター　居室・厚生棟）

空間全体を明るくする

オフィスや学校などにある大空間の食堂は、通常営業に加え、イベントや宴会などの利用も想定できる。集まる人数や用途によってテーブルの位置を移動することを考慮し、空間全体を明るくするとよいだろう。

光のシーンを切り替える

レストランなどに比べて特別な演出は求められないが、多目的な使用が想定されるため、用途によって光のシーンを切り替えるシステムの設置も有効である。ここで紹介する事例では、光色の異なるランプの組み合わせによって色温度、照度の異なる3つのシーンを生み出している。

白色のみ点灯時。色温度：5,000K／照度：300ℓx

電球色のみ点灯時。色温度：3,000K／照度：100ℓx

住宅のダイニング

200ℓxの照度があれば、食事はできる

　家族が日常的に食事をするダイニングでは、特別な演出は求められない。食器を不便なく扱い、食事をするために必要な照度（200ℓx程度）を満たし、空間の特性を生かす照明手法を検討すればよいだろう。

　ここで紹介する住宅には、リビング・ダイニングを豊かに演出するバルコニーがあり、その向こうに甲府の街並みが広がっている。こうした空間特性を踏まえ、バルコニー先端に光を置き、内部から外部への視線に更なる広がりを与えた。また、夜景の邪魔になる光をできるだけ排除するため、食卓の照明には器具が目立たないタイプのグレアレスダウンライトを採用している。

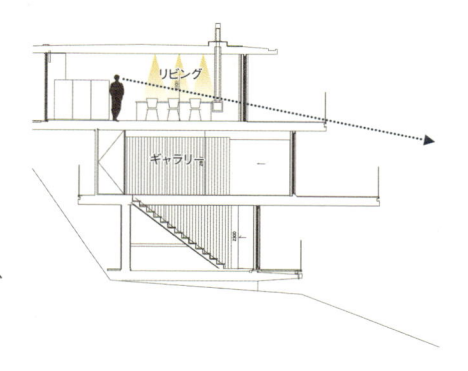

食卓の照明は机上面のみを照らすグレアレスダウンライトを使用した。器具が目立たず光源が見えないため、夜景への視線の抜けを邪魔せず、食卓に必要な明るさを確保している

夜景の美しい街を一望できるダイニング（シックイの家）

4 読む・書く

人がものを読んだり書いたりするときに必要な光は、その場所や姿勢、読み書きする対象によって異なります。オフィスで長時間椅子に座って、細かい文字を読み書きする場面や、保育園で子どもたちが遊びながら、部屋のあちこちで絵本を読む場面を想像してみてください。それぞれの場面で、どんな光が求められるでしょう。

　読み書きする場所が机の上などに限られる場合は、読み書きする対象とその人の手元さえ明るければ十分です。一方、読み書きする場所が限定できない場合は、どこでも読み書きできるよう、室内全体を明るくすることが求められます。

　一般に、本や書類を読み書きするには750ℓx（事務室・JIS Z 9110推奨照度）が必要とされています。しかし、読み書きする対象は紙とは限りません。パソコンやタブレット端末の画面は発光しているので、照明がなくても読むことができます。誰がどこで何を、どのくらいの時間、どんな姿勢で読み書きするか、それぞれの場面に応じた照明計画が求められます。

「座って」読み書きできる光

　オフィスで書類を読み書きする、学校で教科書を読む、工場で図面を読むなど、椅子に座り長時間、細かい文字に触れる空間では、高い照度を保ちつつ、目が疲れず読みやすい環境を計画することが大切である。

　机上に影をつくらないためには、光天井などの面光源が最も望ましいが、コストが高くなるなどの問題がある。直管蛍光灯などの線光源を使う場合、その配列によって影の向きや形が異なる。机と線光源を平行に配置すれば、手の影が机上の書類や本を妨げないが（左図）、直交させると手の影が強く出て読み書きの邪魔になること（右図）に留意する。

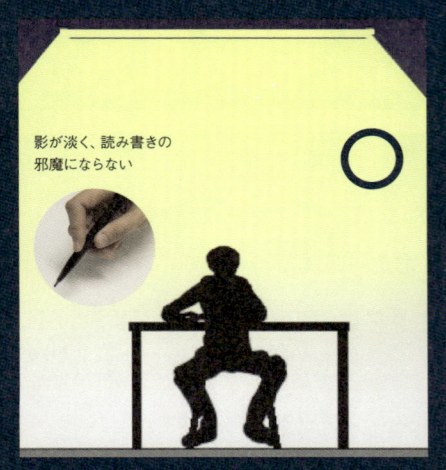

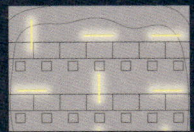

影が淡く、読み書きの邪魔にならない ○

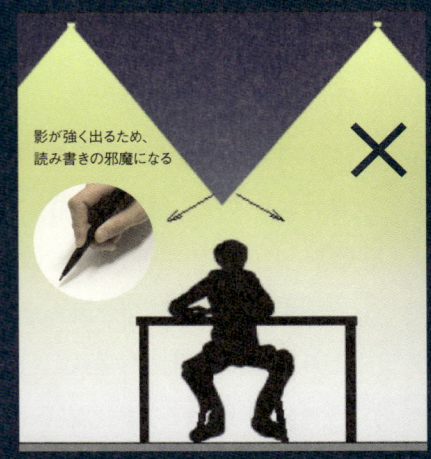

影が強く出るため、読み書きの邪魔になる ×

オープンスクールの教室で、縦横の配列を混ぜた天井照明のレイアウト検討例。教室の使い方が自由で机の向きが変わることを考慮し、どちら向きでも影が出にくい配置となっている（立川市立第一小学校）

「どこでも」読み書きできる光

　子どもたちが机や床の上など、さまざまな場所で絵本を読んだりトランプや塗り絵などをする保育園や幼稚園、また、作業工程に合わせてさまざまな場所で図面や書類を読み書きする工場では、空間全体を明るくすることが求められる。
　とはいえ、天井全面に蛍光灯を均一に配置し机上や床面照度を高めるだけでは、空間デザインに対する配慮が足りない。建物の形や特性に応じて壁面や空間の輪郭を際立たせるなど、動きのある光のランドスケープをつくり出す工夫も必要だろう。

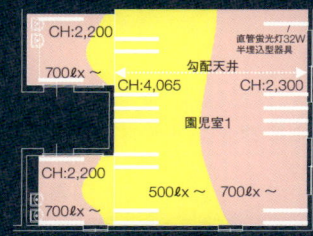

天井と壁のコーナーに照明を設置することで室内全体の照度を確保。右図は照度分布を示している。壁面も照らされるため明るさ感が高まり、勾配天井に囲まれた空間の形が際立つ。天井の中央を避けて照明器具を設置しているため、天井面が広く感じられる。天井中央に照明を均等に配置した場合と比べ、平均照度は2割ほど下がるが、明るさ感は増す（グローバルキッズ日吉園）

約65×65mという大空間をいくつかのブロックに分け、蛍光灯の配列の向きを縦横に変えている。照明によって空間の均一性を排除し、シークエンスをつくり出す試み。昼光による器具の影が出ないよう、窓際では開口に対して垂直に器具を配置している（オムロン草津事業所新3号館）

書店・図書スペース

空間全体を明るくする

書店では長時間の読書は想定されにくいため、オフィスのような明るさを確保する必要はない。ただし、書棚付近で立ち読みしながら本の内容を確認するときに不便が生じないよう、空間全体を明るく計画するのが望ましい。

影になる部分が出ないよう、書棚や柱の配置に合わせて照明をレイアウトしている。書棚に沿って設置した天井照明は、本の背を読むための光としても機能している（金沢ビーンズ）

本の背が読みやすい光を用意する

読書を目的とした図書スペースでは、本をゆっくり読める照度を確保した読書コーナーが用意できれば、空間全体を明るくする必要はない。しかし、書棚に並ぶ本を選びやすいよう、本の背が読める程度の照明は必要だ。

本を読むための光と本を選ぶための光をそれぞれ別に用意するのか、双方の光を兼ねた照明を計画するのか、空間の特性に合わせて検討したい。

天井が高い空間のため、空間全体を明るくするのではなく必要な場所に必要な光を設置する。図書スペースには、書籍を読むためのデスクライトと書棚の本の背表紙を確認するための光を分けて計画している（太田市休泊行政センター）

ワークスペース

必要な場所に必要な光を設置する

　一般のオフィスや学校では、蛍光灯を均一に配置して基準照度を確保する計画が多く見受けられる。しかし、読み書きする対象（媒体、大きさ、内容）やその読み方・書き方（姿勢、時間）、空間の特性によって、必要な光は異なる。

　たとえば、書類や本の読み書きが中心となる執務エリアでは、750ℓxの机上面照度が必要だが、ノートパソコンでの作業が多いエリアでは、100ℓx程度の照明を確保できれば十分である。必要に応じてデスクスタンドの併用を検討してもいい。

読む対象によって、必要な照度は異なる

主にPCを使用するオフィス。サーカディアンリズムに合わせて、昼から夜になるにつれて色温度と照度を高→低と変化させている。オフィスにおいてこのような制御が行われた初めての事例。写真左は昼間（照度：500ℓx、色温度：5,000K）、右は夜間（照度：100ℓx、色温度：3,000K）（アステラス製薬つくば研究センター　居室・厚生棟）

オフィスの執務室。細かい図面や書類を長時間読み書きするため、デスク上の天井面に蛍光灯を設置し、高い机上面照度を効率よく確保している（東京湾岸ストレージ）

会議・打ち合わせスペース

読む対象に応じたシーンをつくる

　会議室で読み書きする対象は、書類だけとは限らない。プロジェクターから発せられる画像・映像やパソコン画面など、会議の内容やメンバーによってさまざまである。そこで行われる行為を具体的に想定し、それらに対応した光のシーンを複数設定することが望ましい。

壁面照明（点光源）：ホワイトボードの読み書きに対応
机上面照明（線光源）：照度が必要なシーンに対応
机上面照明（点光源）：照度がそれほど必要のないシーンに対応

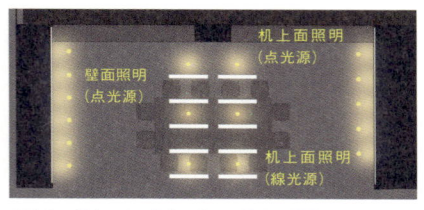

机上面照明（点光源）
壁面照明（点光源）
机上面照明（線光源）

会議室で想定できる行為に応じた照明を設置し、ユーザーが切り替えられるようにする

パソコンやホワイトボードを使用する場合、ダウンライトのみ使用。プロジェクターで映像を映す場合は、ウォールウォッシャーを消灯する（ともに電球色）

机上面で書類を読み書きしながら進行する会議のシーンを想定。天井の蛍光灯（昼光色）で机上面照度を確保している（DNP創発の杜　箱根研修センター2）

ノートパソコンなどを用いた打ち合わせが頻繁に行われるスペース。高いフロアスタンドや家具によって執務スペースとは異なる空間の質が生まれている（アステラス製薬つくば研究センター　居室・厚生棟）

喫煙室兼打ち合わせスペース。異なる高さのペンダントライトによって動きのある空間をつくり出している（AGCモノづくり研修センター　研修棟）

高い照度は不要な場合が多い

　会議・打ち合わせスペースは、執務エリアと同様、読み書きを重視した高い照度を保つよう計画されがちである。しかし、会議室は読み書きよりむしろ会話がメインの空間であり、高い照度は必要ない場合も多い。むしろ活発な議論を導くための演出を試みるべき空間である。

洋服や宝飾品を扱う会社のプレゼンテーションルーム。商品や企業イメージを演出（南大門センターコース）

映画に登場する会議室の光に学ぶ　　　COLUMN 4

　『2001年宇宙の旅』には、光壁に囲まれた巨大な会議室が登場する。机上面照度は低く、お互いの顔を見ながら議論が進められている。この光壁だけで、撮影にも十分な明るさが確保されていたのではなかろうか。

　また、『キル・ビル』（監督：クエンティン・タランティーノ、2003年）で任侠たちが囲むテーブルの存在感も印象深い。天板の縁に設けられた光だけで、たくらみのある空間を演出している。

『2001年宇宙の旅』
（監督：スタンリー・キューブリック、1968年）

住宅・宿泊施設

ホテルの待合いスペース。軽い読書用にスタンドライトが設置されている（ザ・リッツ・カールトン沖縄［旧喜瀬別邸 ホテル＆スパ］）

手元を明るくする

　住宅や宿泊施設において、人が読み書きする場所は、リビングや個室にとどまらず、さまざまに想定できる。しかし、すべての空間全体に対して高い照度を確保することは、コスト的にもエネルギー的にも過剰である。

　短い時間、読書をするために必要な光は、スタンドライトや手元灯があれば十分まかなえる。各部屋の主照明で高い机上面照度を満たすより、必要に応じて手元を明るくできる照明器具を用意するほうが効率的だろう。

鉄板を曲げてつくられている壁面に、磁石で取り外しできる読書灯を装着。スイッチも磁石でついている。本を読む場所に応じて移動させることができる（クローバーハウス）

リビングやベッドルームでの軽い読書のためには、手元の照度が200〜300ℓxあれば十分である

ハンディキャップ者のための光	COLUMN 5

　利用者が身体的なさまざまなハンディキャップを持つ場合、「行為に合わせる／行為を誘発する」光の考え方がより有効に働く。利用者の自発的な行為を促すことで、障害の進行抑止やリハビリ促進に働きかけることができるからである。

　たとえば老人介護保健施設などでは、日常動作に必ず発生するトイレの行為に対するストレスを極力なくすことを目指すとよい。ハンディキャップ（障害、麻痺など）の状態に合わせてトイレに行きやすいようにベッドの位置を変更できる、トイレの照明には自動点滅を採用するなど、利用者の負担が少なくなるよう配慮した計画は、自発的行動を促し、寝たきり防止にも効果的である。

　ここで紹介する介護老人保健施設は、要介護者でも自ら照明を操作できるなど、ハンディキャップ者の行為を誘発する仕組みのほか、それぞれの空間の形状を把握しやすい照明を用意して、利用者を導く照明計画を目指している。共用部のデイルームには常夜灯を設置し、深夜の移動に対応している。

夕方から夜間のデイルーム。利用者の行為が廊下まではみ出すことを想定し、デイルームと廊下とが一体的になるような照明計画としている

ロの字形に配置された100床室を有している老人介護保健施設。各居室では要介護者が自分で部屋の照明をオン・オフでき、スタッフが廊下から照明の制御ができるようにしている（3点とも、マイウェイ四谷）

深夜のデイルーム。通路から見て視線の突き当たりになる場所にサイン的な光を残して常夜灯としている

5

歩く

夜間、人が安心して歩ける光環境とはどういうものでしょうか。
　バリアフリー化された平坦な道路では、人は路面を見なくてもつまずくことなく歩行できます。たとえ路面が暗くても、道路の形や曲がり角、行き先を示す光さえあれば、人はそれらに誘導されながら歩くことができるのです。一方、段差がある場所には、その始まりと終わりが認識できる光が必要になります。
　まちを歩くとき、人は、自分がいまどこにいるのか認識できないと、行き先にたどり着くことができません。街路の照明計画では、夜間の歩行者のためにも、そのまちの特徴を抽出し、それを際立たせる光の設置が必要です。交通量や用途地域などに応じて決められた従来の基準にしばられ過ぎず、より歩きやすく、空間の特性を生かした光環境をつくりましょう。
　なお、街路や公共の場所では防犯性を踏まえ、見通しを確保し、不審者の有無を確認しやすい照明計画が求められます。

導く光

平坦な路面では、人は行き先さえわかれば歩くことができる。曲がり角やカーブなど、道路の形状に応じて人を導く光の配置が必要だ。真っすぐな道路では約50m間隔に光があれば、人は歩くことができる[*1]。

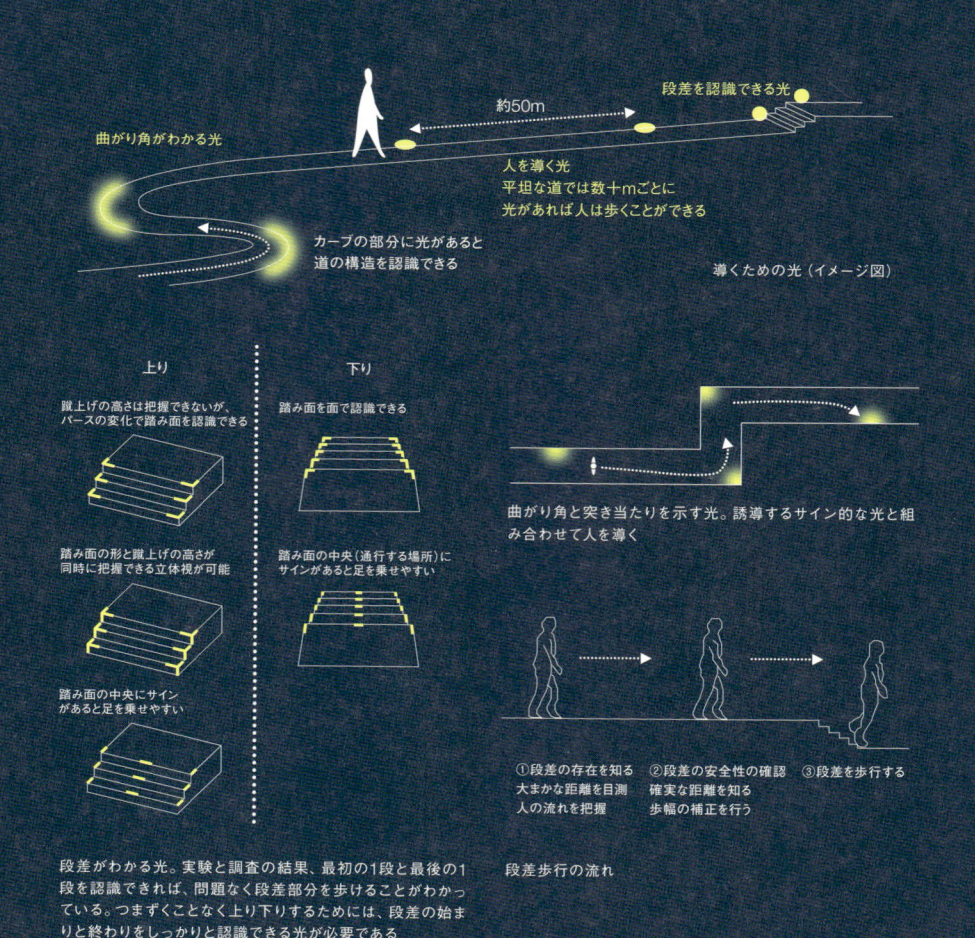

曲がり角がわかる光

段差を認識できる光

約50m

人を導く光
平坦な道では数十mごとに
光があれば人は歩くことができる

カーブの部分に光があると道の構造を認識できる

導くための光（イメージ図）

上り

蹴上げの高さは把握できないが、パースの変化で踏み面を認識できる

踏み面の形と蹴上げの高さが同時に把握できる立体視が可能

踏み面の中央にサインがあると足を乗せやすい

下り

踏み面を面で認識できる

踏み面の中央（通行する場所）にサインがあると足を乗せやすい

段差がわかる光。実験と調査の結果、最初の1段と最後の1段を認識できれば、問題なく段差部分を歩けることがわかっている。つまずくことなく上り下りするためには、段差の始まりと終わりをしっかりと認識できる光が必要である

曲がり角と突き当たりを示す光。誘導するサイン的な光と組み合わせて人を導く

①段差の存在を知る
大まかな距離を目測
人の流れを把握

②段差の安全性の確認
確実な距離を知る
歩幅の補正を行う

③段差を歩行する

段差歩行の流れ

居場所を認知させる光

　まちなかで特徴的な建物や街並みを認知できれば、人はいま自分がどこにいるのかわかる。夜間の歩行者にとって、街の特徴を示す光は大切なサインとなるので、外部からの訪問者が多い観光地では特に考慮したい[*2]。また、災害時の避難にも配慮し、停電時でも最小限の光が点灯し続けるよう計画すべきであろう。

👁 建物の認識度（見える建物は何か）
↔ 建物との関係認知度（自分はどこにいるのか）

建物の特徴となる塔部分とファサードのライトアップシミュレーション。現状の要素分析から建物を認知しやすい固有の形状を抽出後（左）、その建物が何であるか認識しやすく、建物と自分との位置関係がわかりやすいようライトアップ（右）を行った（横浜市開港記念会館）

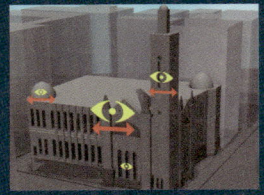

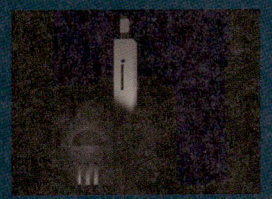

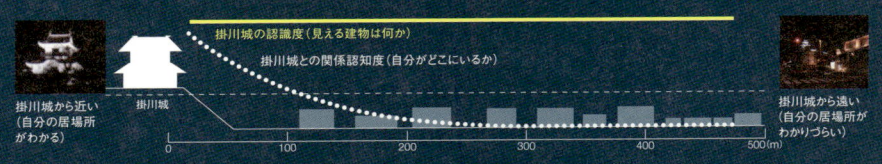

掛川城の認識度（見える建物は何か）
掛川城との関係認知度（自分がどこにいるか）

掛川城から近い（自分の居場所がわかる）

掛川城から遠い（自分の居場所がわかりづらい）

夜間にライトアップされた建物に対する認知度の調査（ランドマークと場所の認知の関連性）。目印となる建物（掛川城）からの距離が離れるにしたがい、それが何の建物であるか、また自分がどこにいるかが認知しづらい

光によって、主観的輪郭をつくる　　COLUMN 6

　図1は「カニッツアの三角形」といわれる図である。3つの円と白線で描かれた三角形の上に、私たちが実際にはない三角形の輪郭を認識できる（主観的輪郭）。この現象は、私たちが図形を認識するためには、必ずしもすべての輪郭を示す必要がないことを示している。空間においても同様に、主観的輪郭を認識できる部分に、前頁の「導く光」を配することで、空間の輪郭を示すことができる（図2）。

図1　カニッツアの三角形
（出典：Gaetano Kanizsa, *Margini quasi-percettivi in campi con stimolazione omogenea*, Rivista di Psicologia, 1955）

図2　導く光によって主観的輪郭が浮かび上がる道

橋

床面に設置した光で進行方向を示す歩行者専用デッキ。写真右側のデッキの境界を示す光によって、歩行者はデッキの形や幅、奥行きを認知できる。歩行の障害になり得る樹木や椅子などを示す光も設置している（さいたま新都心　歩行者デッキ）

空間の境界を示す

　ここで紹介するのは、駅前の歩行者専用デッキである。デッキの境界を示す光（右図の黄色部分）を連続的に設置することで、幅約25m、全長140mのデッキ空間を認知させている。また、方向を示すサイン的な光（右図のオレンジ色部分）を15m間隔で設置し、行き先をわかりやすく示している。このデッキには段差がないため、床面照度は確保していないが、近隣住民を対象としたアンケートを行い、歩行上の問題は生じていないことが確認できた[*3]。

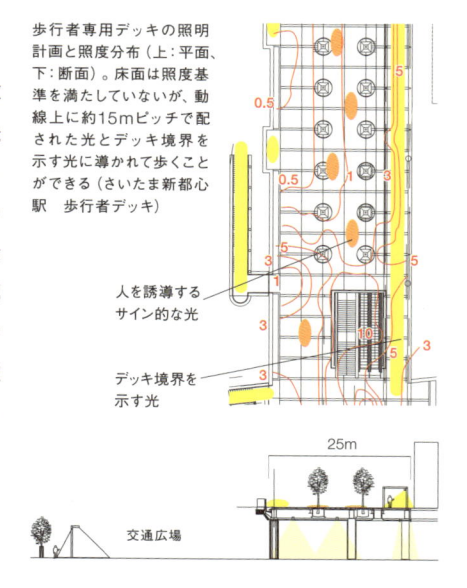

歩行者専用デッキの照明計画と照度分布（上：平面、下：断面）。床面は照度基準を満たしていないが、動線上に約15mピッチで配された光とデッキ境界を示す光に導かれて歩くことができる（さいたま新都心駅　歩行者デッキ）

人を誘導するサイン的な光

デッキ境界を示す光

25m

交通広場

富山県八尾市禅寺橋での照明実験の様子。橋の路面平均照度：0.3ℓx。既存照明点灯時と比較して、川や空、対岸の街並みなどがよく見える

左：禅寺橋の日中の様子。橋の長さ：75m、幅：3.5m
右：既存照明。路面平均照度40ℓx

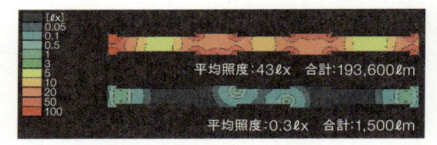

平均照度：43ℓx　合計：193,600ℓm
平均照度：0.3ℓx　合計：1,500ℓm

照度分布の比較。照明実験時の光のエネルギーは、既存照明の1％程度。歩きやすさを確保し省エネルギー効果も高い

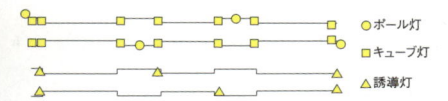

禅寺橋に設置された既存照明（上）と照明実験時（下）の比較（平面）実験時は既存のポール灯とキューブ灯は点灯せず、橋の入口と凹凸を示す誘導灯のみ点灯

誘導効果を高める

　道路の照度基準は交通量や用途地域等に応じて決められているが、平坦な道路を歩くためには、足下の照度を確保する必要はほとんどない。必要なのは、歩行者を行き先まで導く光である。

　ここで紹介する禅寺橋のように（上写真）、橋の入口を示す光、そして凹凸部と15～30m程度のピッチで光を設置すれば、橋の形が浮かび上がり、人の誘導効果を高められる[*4]。

段差の始まりと終わりに照明を設置する

　歩行者専用デッキを上り下りする階段の始まりと終わりには照明を設置する。踊場や段差の幅が変わると、昇降のリズムが変わるので、その場を認知できる照明も必要である[*5]。

歩行性能を満たすために段差をなくし、歩行者を導く光を設置した歩行者専用デッキ（さいたま新都心　歩行者デッキ）

昇降口と踊場に照明を設置し、段差の始点と終点を歩行者に示す（いわき駅前ひろば）

49

広場

空間の輪郭を示す光を設置した広場。高さ2m、白熱灯100W相当の蛍光灯の照明器具を広場の周縁部や歩道に設置。不審者が隠れていそうな暗闇が生まれないよう計画されている（立川市子ども未来センター）

広場の輪郭を光で示す

　広場の一般的な照明計画では、できるだけ広場の中央に照明を設置し、高い位置から高容量の器具で効率よく全体を均一に明るくすることが主流となっている。しかし、夜間に広場全体を見渡すためには、見通しのよい広場の中心より、むしろその周縁部を明るくすることが有効だろう。不審者を把握できるほか、隣地との境界部に生まれがちな物陰をなくすことができる。器具が多くなる場合もあるが、LEDなど長寿命の光源を採用することでメンテナンスコストは抑えられる。

　広場は、照明の影響を受けやすい空間なので、過剰な光を生み出す結果にならない計画を心がけたい[*6]。

公園の周縁部に連続して照明を設置し、空間の輪郭を光で浮かび上がらせる（みやしたこうえん）

廊下

左：玄関ドア周辺にのみ照明を設置した廊下（藤井レディースクリニック）。右：天井と壁の境界に照明を設置したオフィスの廊下。曲がり角や突き当たり、部屋の出入口の光が人を導く（スカパー　東京メディアセンター）

部屋の入口を示す

　段差のない廊下を歩くには、空間の境界（床・壁・天井）や曲がり角を認知させ、部屋の出入口を示す光を設置すればよい。照度基準で定められているほどの明るさはなくとも、人は廊下の形を認識し、光に導かれて歩くことができる。

廊下の突き当たりや部屋の出入口、曲がり角に光を設置。歩行者はその光に誘導されながら歩くことができる

鍵穴やサインが見える光を設置する

　廊下は歩くためだけの空間ではない。室名やサイン、掲示板など、確認すべきものも点在しているので、それらが読める照明が必要だ。玄関扉の鍵穴が見えるような配慮も心がけたい。

廊下の突き当たりと部屋の出入口にのみブラケットの光を設置した共用廊下（左）は、ダウンライトと間接照明で全体を均一に明るくした廊下（右）より、歩行者は行き先を認知しやすくなる。消費電力も約10分の1に抑えられる

51

6

運転する

事故のない安全な運転のためには、夜間でもドライバーが危険を予測しやすい環境が求められます。現状の道路照明基準は、路面照度や輝度を基準として、路面を均一に明るくする計画が一般的となっていますが、こうした光環境が危険予測に有効にいつも働くとは限りません。運転中のドライバーが危険を回避できる照明計画とは、いったいどういうものでしょう。

　夜間でも道の形をきちんと認識でき、街路や交差点に、歩行者や周囲の状況を把握できる光環境があってこそ、ドライバーは安心して運転できるのです。周囲に注意を向け危険を予測しながら安全に運転するためには、ドライバーの心に余裕を生む光環境の整備が必要です。

危険予測をうながす光

　自動車が交差点で左折する際、最も多い死亡事故の原因は巻き込みである。これを回避するためには、横断歩道を渡ろうとしている歩行者の有無やその挙動をいち早く認知することが大切だ。

　歩道が明るく照らされていると、ドライバーから歩行者が見えやすい。また、縁石を光で強調すると、コーナーの形がより把握しやすくなる。こうした配慮がなされた交差点ではドライバーの注意をより広範囲に向けることができ、運転に余裕が生まれる[*7]。

　危険予測をうながす光は、その地域の街並みや地形の特徴を可視化することにもなるので、景観形成にも有効である。

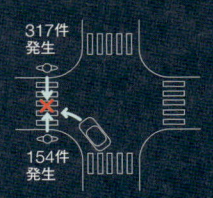

交差点における事故の発生数（出典：内閣府『交通事故統計年報 平成18年度版』交通事故総合分析センター）

従来の道路照明の考え方に基づいた一般的な交差点照明。路面は明るいが、歩道の状況は把握しにくい

ドライバーの視野・危険予測を考慮した交差点照明。歩道が明るく、歩行者の状態が認知しやすい

一般的な道路照明。車道ばかりが目立ち、歩道に立つ人が見えづらい

危険予測をうながす照明。歩道が明るいので、歩行者を認知しやすい。こうした照明は、結果として街並みが目立つこととなり、景観向上にも有効である

カーブの形がわかる光

　山道などのカーブを運転する際、ドライバーは、前方の自動車のテールランプや縁石周辺を見て、カーブの形状を予測しながら運転している。しかし、現在多くの道路に設置されている高いポール灯は、ドライバーにとってまぶしい光となりやすく、カーブの形状が把握しづらい。

　カーブの縁石周辺を中心に光を用意するなど、カーブ線形を把握できる照明計画が求められている。

カーブに進入するドライバーが道路線形を把握するためには、ドライバーの視線の先に光が必要。内周と外周との距離感と形状からカーブ線形がわかりやすい

カーブの形に合わせ、低い位置に照明が設置されているため、カーブの線形、前方との距離感を把握しやすい

ドライバーの視野を横長に　　COLUMN 7

　明るい日中に運転する際は、建物、沿道、信号、歩行者、駐車車両など、さまざまなところに注意が向きやすく、ドライバーの注視点は横長に集中する。一方夜間は、高ポール灯などの光源に注意が向くため、視野が縦長になり、左右からの自動車や歩行者の飛び出しに対する危険予測が遅れがちだ。公安委員会では、夜間に運転するドライバーの注視点を極力下に落とし、事故を未然に防ぐことのできる光環境の整備を求めている。

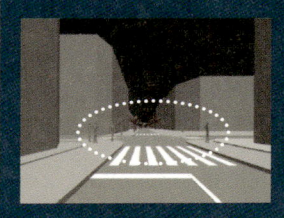

昼間の視野。道路周辺に注意が向くため、ドライバーの視野は横長

夜間の視野。道路より高い位置にある照明に注意が向くため、視野は縦長

街 路

車道、歩道、民有地をひとつの空間としてとらえ、街路に面した民地に照明を設置。ドライバーは歩道部を認識しやすく、街並みや道の見通しがよくなるため、運転しやすい（岩手県大野村まちづくり事業　街路灯整備計画）

街路と建物の境界を明るくする

　一般的な街路では、車道、歩道、それぞれが、JIS基準などに基づいて、別々に計画されている。しかし、ドライバーの視点を基準にすれば、街路はひとつの空間である。ドライバーが歩行者の有無や挙動を認識しやすい光を総合的に計画し、危険予測をうながすことが大切だ。

　下図のように、車道、歩道、民有地をひとつの空間としてとらえながら、①街路に面した建物の壁面や民有地内に照明を設置する、②歩道と民有地の境界にボラード照明を設置する、③車道と歩道の境界にボラード照明を設置する、といった方法によって、ドライバーの注意が街路全体に向きやすくなり、歩行者の飛び出しなどに対する危険予測をうながすことができる[*8]。

　上写真の事例は、道路よりむしろ建物側に連続的な照明（ブラケット、門灯、玄関灯）を用意し、街路と建物の境界部を明るくしてドライバーの見通しをよくする試みである。

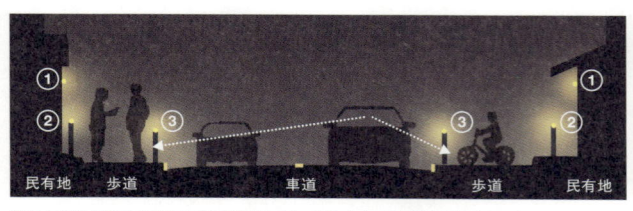

街路と建物の境界や縁石に光を設置すると、ドライバーの視野が広がる

照明が、道路路面ばかりを照らしている

道の形を示す

　カーブなど、道路線形が変化する街路では、車道と歩道の間にある縁石や白線の上に連続した光を設置すると、道の形をより明快に示すことができる。場所の特性に応じて、小さな照明器具や発光式の道路鋲、反射材など、ガードレールや白線、縁石、ボラード照明などに設置する。

左：車道と歩道の間に小型の照明を置きカーブの形を示す（旧喜瀬別邸　ホテル＆スパ）
右上：ソーラー式自発光道路鋲を車線の境界ライン上に設置
右下：再帰反射材を斜線の境界ラインに設置。交差点用や縁石用など、さまざまなタイプがあるので、目的に合わせて選択する

①建物の壁面に照明を設置
（横浜元町仲通り―街路照明基本計画）

③車道と歩道の境界にボラード照明を設置
（JR北本駅西口駅前広場・駅前通り）

②歩道と民有地の境界にボラード照明を設置
（上州富岡駅駅前整備）

交差点

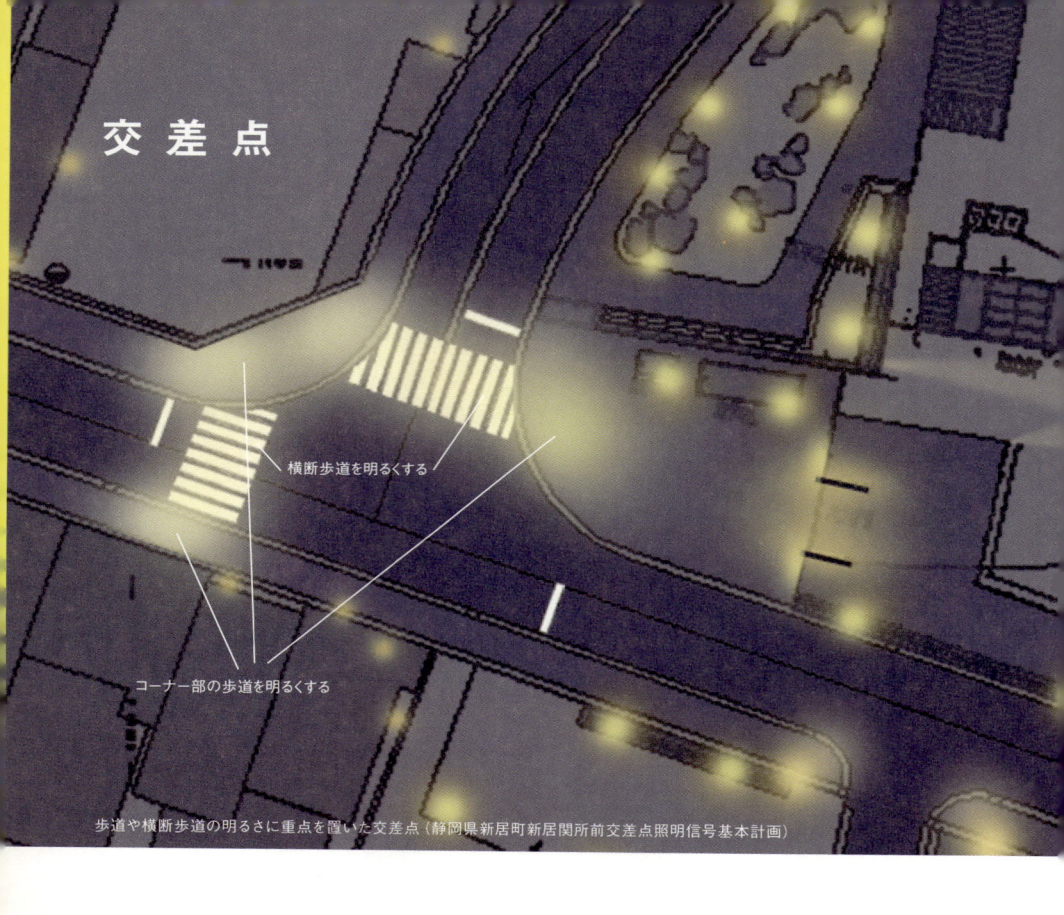

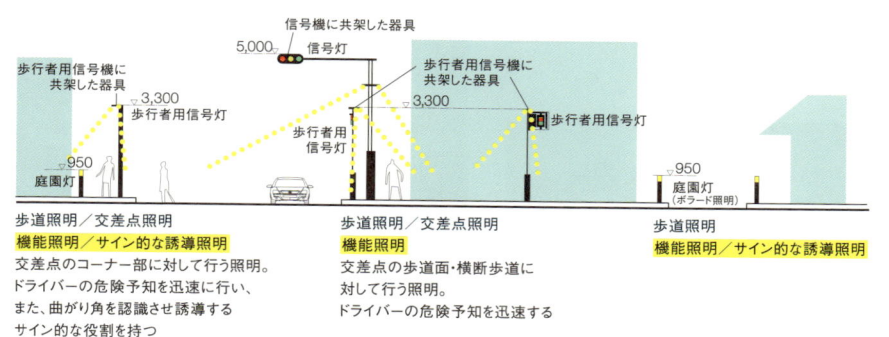

横断歩道を明るくする

コーナー部の歩道を明るくする

歩道や横断歩道の明るさに重点を置いた交差点(静岡県新居町新居関所前交差点照明信号基本計画)

歩道照明／交差点照明
機能照明／サイン的な誘導照明
交差点のコーナー部に対して行う照明。
ドライバーの危険予知を迅速に行い、
また、曲がり角を認識させ誘導する
サイン的な役割を持つ

歩道照明／交差点照明
機能照明
交差点の歩道面・横断歩道に
対して行う照明。
ドライバーの危険予知を迅速する

歩道照明
機能照明／サイン的な誘導照明

上：門の下の暗がりはドライバーの死角となるので、アッパーライトで照らす
左：危険予測の考え方のもと、高ポール灯を使用せずに計画。周辺景観の魅力を引き出す整備となった

歩道を明るくする

　一般的な道路照明より、歩道部分が明るい環境のほうがドライバーの反応速度は早く安全であるという実験結果がある。ドライバーに歩行者の行動をいち早く察知させるためには、暗がりになりがちな歩道を優先的に明るくし、車歩道の境界を認識させる光環境が必要だ。

　一般に、交差点内の平均路面照度は10～20ℓx程度、照度均斉度は0.4程度を確保することが望ましいとされているが、ここで紹介する交差点の照明計画では、路面照度の均一性より歩道や横断歩道の明るさ確保を重視している。その結果、多くの交差点に見受けられる高いポール灯を使用しない整備となり、隣接する関所を含めた歴史的景観がより魅力あるものになった。

交差点の存在を早く認識させる

　交差点を認識するためのサインは、路側帯や横断歩道などの道路標示が有効である（交差点認知度調査）[9]。この交差点では、歩道を照らすことで交差点の形状を示す路側帯を目立たせ（下図A）、信号機に共架した照明器具で横断歩道部を照らしている。上方からの照明には、ドライバーの注意が上部の光源に集中しないよう、グレアレスの器具を用いて、路面だけを明るくしている。

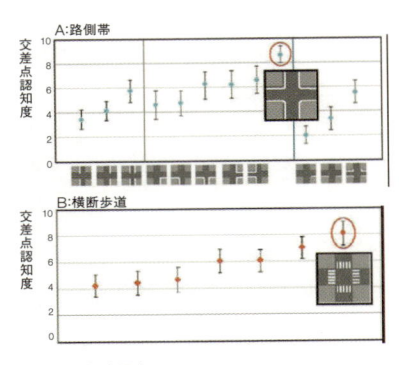

交差点認知度調査
交差点を認知させるためには、路側帯と横断歩道の道路標示で形状を示すことが有効である

駐 車 場

地下駐車場。壁や柱に光を当てることで、空間の形をドライバーに把握させる(川口交差住居)

壁と柱を照らす

　駐車場で停車するとき、ドライバーは左右の白線(壁)と自動車との位置関係を把握しなくてはならない。車止めがない場合、後方の壁との距離を掴む必要もある。駐車する一連の行為と空間との関係を想定し、柱や壁面に照明を設置したり、白線を認知させる光を用意する。ただし、自動車のバックカメラといった機能の普及に応じて、こうした考え方は今後変わる可能性がある。

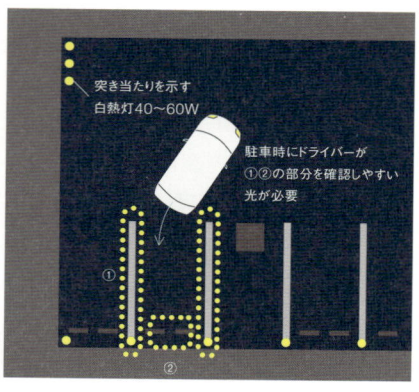

突き当たりを示す
白熱灯40〜60W

駐車時にドライバーが①②の部分を確認しやすい光が必要

壁面や柱を照らすことで、ドライバーに駐車空間を把握させる。また、駐車する際、ドライバーが白線や車止めを把握しやすい光も用意する

駐車スペースの奥を明るくする

　駐車場に暗がりがあると、不審者の有無を確認しづらく、訪れた人は不安である。駐車スペースの奥や自動車と自動車の間を明るくする照明を用意すると、防犯性が高まるだけでなく、空間の見通しもよくなるため、ドライバーは駐車しやすい。

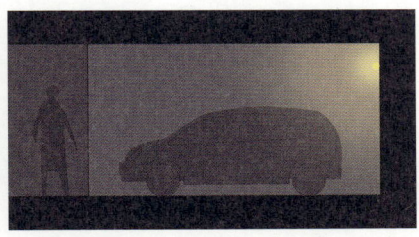

上2点：病院の前面駐車場。駐車スペースの白線上と建物の外壁から約200mmのところに庭園灯を設置（KCH/WHOOPER）。下：駐車スペースの奥にブラケット（白熱球40〜60W）を設置した駐車スペースの断面。駐車スペースを示すだけなく、暗がりがなくなり防犯性も向上する

駐車場も景観の一部として扱う

　一般に、駐車場はバックヤードとして扱われがちだが、居住者だけでなく来客者が使う空間であり、エントランスの横など、建物のファサードを形づくるところに出入口があることが多い。駐車場も景観の一部としてとらえ、建物の空間全体、街並みとの関係も踏まえた総合的な照明計画を心がけたい。

ファサード右側の駐車場入口を景観の一部として計画（b6）

第2章
あかりからの
まちづくり

人の暮らすところには光があります。
光は人の生活に不可欠なものであり、まちに灯された光は、
その地域の生活や文化の固有性を表します。
空間の境界を越える光は、人びとの暮らしをまちにあふれさせ、
そのまちならではの特徴を際立たせることでしょう。
光は夜間の景観を一変させ、人びとにまちの魅力を
再発見させる力を持っているのです。

まちの魅力ってなんだろう?

　ここで紹介する2つの街並みのうち、どちらに魅力を感じますか?
　道路に沿って、照明が等間隔に配置されている夜間の街路は、道路ばかりが目立ち、街並みの持つ個性や魅力が見えてきません。一方、建物に沿って照明が設置された街路は、その街並みの個性が浮かび上がり、人の生活が街路ににじみ出て、親しみや魅力を感じることができるのではないでしょうか。

道路に沿って照明が配置されている街路 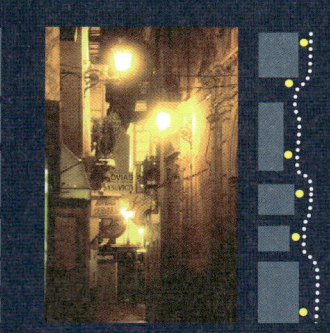　　建物に沿って照明が配置されている街路

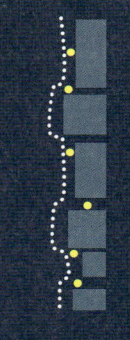

生活のあかりが、魅力ある夜の景観をつくる

　2つの写真を比較すると、道路ではなく街並みを目立たせるという光の手法が、魅力ある夜の景観を生み出していることがわかります。
　人の生活する場には光があり、光のあるところには人の生活があります。人びとの生活、そのまちの個性を感じられる光が広がるまちを計画したいものです。

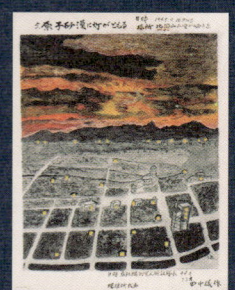

田中儀作
「原子砂爆に灯がともる」
広島平和記念資料館所蔵

原爆が投下された焼け野原の中にポツポツとあかりが灯り始めた風景に、人びとの生活や復興に向けた意志を感じることができる。小さなあかりが人びとに感動を与えることができることを痛感させる作品である

「どこでも同じ光」(仕様設計)から「そこにしかない光」(性能設計)へ

現在、日本の主な街路照明は、照度基準に準じ、平均照度を確保するという概念で計画されており(仕様設計)、その結果、画一的な夜の風景が生み出されているのが現状です。しかし、まちによって求められる光は異なるはずです。

それぞれのまちの特徴を丁寧に読み取り、人びとの暮らしの積み重ねによってつくられる「文化的財産」や、固有の自然や街並みなど「地形的財産」を感じさせる光、そして犯罪や事故を未然に防ぐ「安心・安全」の光を地域が必要とする性能に合わせて計画することが(性能設計)、求められているのではないでしょうか[*1]。

より地域に根ざしたまちづくりのために、仕様設計から性能設計へ

仕様設計
JIS、道路交通法など地域性にかかわらず適用される基準

↓

性能設計

| 文化的財産 | 地形的財産 | 安心・安全 |

↓ 地域特有の夜間景観

まちづくり

文化的財産

ここでいう文化とは、
人びとの生活そのもののことです。
こうした暮らしの光が外部ににじみ出た
にぎわいのある街並み、
光によって浮かび上がるまちの構造は、
その地域の文化を感じさせます。

にぎわいの光

暮らしがまちににじみ出る

建物の中から外部に光がにじみ出る窓あかりや、門灯、壁面に取り付けられた光のある街並みには、人びとの生活を感じることができる。こうした光は、夜間、人が歩くための光としても機能している。

街路と建物の敷地の照明は、管理者が異なるといった理由から、別々に計画されがちだが、空間としては一体であり相互に作用し合う。総合的な光環境の計画を行う必要がある。

防犯性が高まる

路面の平均照度を指針として計画され、街路灯が均等に並ぶ街並みは、路面ばかりが照らされ、人気が感じられないことが多い。路面の明るさが抑えられていても、人びとの暮らしやにぎわいを感じられる光があれば、歩行者に安心感を与えるだけでなく、防犯性が高まるという調査結果も出ている[*2]。

一般的な街路照明。道沿いに並べられた街路灯と道が主役で、まちは背景になっている

壁面や建物沿いに照明が設置された例。街並みが際立ち、光が人の存在を表すものとして生き生きと感じられる

まちの特徴を引き出す光

文化的財産が浮かび上がる

　地域の文化的財産は、その街並みに現れているといっても過言ではない。たとえば歴史的建造物のある街並みの場合、光によってその建物に人の気配を吹き込めば、そのまちの文化的財産が夜間の景観の中に浮かび上がってくる[*3]。一般の住宅地や商業地でも、街の凹凸に光を置いたり、窓あかり（80頁参照）をつくることによって、まちの構造や特徴を感じることができる。こうした固有の夜間景観は、そのまちで育つ子どもたちの印象に残り、故郷の原風景にもなり得る。

　このような光の設置には、ワークショップなど、住民に自分がまちに与える影響を自覚させ、まちに意識を向けてもらうプロセスを大切にしたい。住民が自分の住むまちを好きになり、まちに関与するきっかけにもなる。[*4]

第1回フードフェアに合わせて行われた照明実験。まずは模型で検証し（上）、住民とのワークショップを通じて、あんどんを制作（下）。住民がまちの魅力を共有する機会にもなった（横浜元町仲通り—街路照明基本計画）

窓あかりをつくり、アーチやバルコニーなど建築的な特徴を引き立たせる光を設置（横浜・山手111番館—イルミネーション計画）

照明実験（上写真）の結果を踏まえ、建物の壁面、凹凸に照明が設置された街並み。店舗が目立つようになったことで、各店が及ぼすまちへの影響が明らかになり、住民自らが街並みをつくる一員であることを意識するようになった。これにより特徴的な夜間景観が形成され、新しく店舗が増えるなど、照明の整備がまちの活性化にもつながっている

江戸文化を受け継ぐ蔵造りのまち
川越一番街「窓あかりの美しいまち」／埼玉県川越市

CASE STUDY 1

蔵造りの街並みに連続する窓あかり。光によって歴史ある建物に人気が吹き込まれ、生き生きと感じられる

歴史ある街並みに光を吹き込む

　川越は江戸時代以降、商業・流通の拠点として栄えた地域である。このまちの歴史が色濃く残る一番街は蔵造りのまちとしても有名で、このエリアを中心にしたまちづくりが現在進められている。

　その一環として、この地域の文化や歴史ある建物が夜間でも際立つよう、店舗の閉店後も窓あかりが灯された。それぞれの建物の特徴を生かした窓あかり、格子という日本古来からあるフィルターから奥ゆかしい光が街路に漏れ、このまちの文化・歴史を感じさせる街並みが形成されている。

防犯性を高める窓あかり

　こうした窓あかりが連続する街並みでは、実際にそこに人がいなくとも、人の気配やその空間用途が感じられる。店先がシャッターやカーテンで閉じられた商店街に比べ、歩行者に安心感を与え、防犯性が高められる。[*5]

窓あかりや格子から漏れ出す室内の光。人の気配や生活が感じられる

オフィスや店舗が混在する商業空間
北京建外SOHO／中国・北京

CASE STUDY 2

外部空間の照明を抑えることによって、屋内の光が外に漏れやすく（ここにしかないファサードの集合）、人びとの活気あふれる街並みが生み出されている

アクティビティの集合が施設の顔となる

　オフィスや店舗が混在するこのエリアでは、ここにしかないアクティビティの組み合わせとその集合が、特有の夜間景観を生み出している。内部の光が外部に漏れ、それを感じられる外部の光環境は、各テナントの顔を外に表す。行き交う人びとの文化や暮らしが感じられ、このまちならではのにぎわいのある夜間空間が生まれている。

光で行き先を示す

　建物や駐車場の出入口に導く光、ベンチや障害物の位置を示す光、植栽を演出する光によって、人びとは空間の形を認識し、光に導かれるように行き交う。外部にポール灯などの設備が現れないため、すっきりかつ広々とした一体的なランドスケープが実現できる。

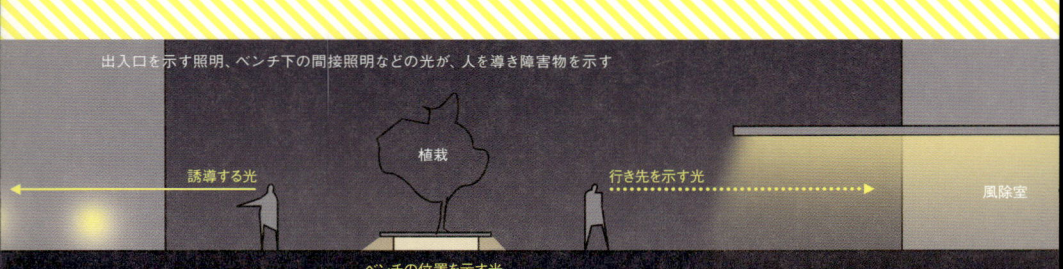

出入口を示す照明、ベンチ下の間接照明などの光が、人を導き障害物を示す

誘導する光　　植栽　　行き先を示す光　　風除室

ベンチの位置を示す光

地形的財産

自然を形づくる山、川、坂、
そして、その土地に根づいた橋や防風林、
石垣など風土や地形から形づくられた
人工的な景観は、地域のシンボルであり、
地形的財産といえるでしょう。こうした要素を
読み取り、光で際立たせることによって、
そこにしかない夜間景観が生み出されます。

地形を可視化する光

高低差が際立つ

　起伏のある地域では、坂道や崖など空間が変化する要素を光で際立たせると、まちの魅力的な夜間景観を生み出すことができる。設計者には、地域の特徴、また空間が大きく変化する場所を読み取る力が求められる。[*6]

斜面に形成された街並み。その地形的特徴を感じさせる階段に光を与えている（岩手県釜石市松原地区・照明社会実験）

水を感じる

　海や川、湖といった水空間も、地形の変化を感じられる地形的財産のひとつである。こうした水辺に映り込ませる光の角度を検討し、適切な場所に設置すると、夜間でも水を感じられる景観をつくることができる。[*7]

　夜間、水空間は暗闇であり、都市のボイドとなってしまうが、光を設置することで空間の広がりが感じられる。散策したくなるまちづくりへの重要な要素となる。

水に映り込む光を川沿いの道に設置した。水際を散策する楽しみを感じさせる（徳島LEDアートフェスティバル）

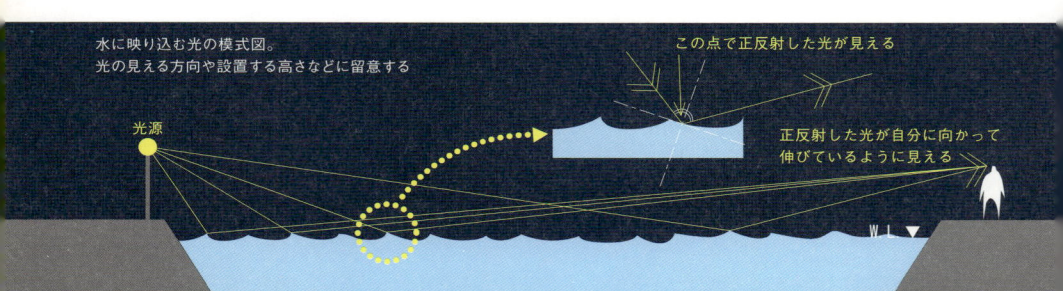

水に映り込む光の模式図。光の見える方向や設置する高さなどに留意する

この点で正反射した光が見える

光源

正反射した光が自分に向かって伸びているように見える

W.L▼

防風林に0.5WのLEDを設置した。LEDは消費電力が少なく、ほぼメンテナンスフリーのため、30個設置したが、省エネとなった（岩手県釜石市根浜海岸・照明社会実験）

風土に由来する景観を再認識する

　防風林といった、その地域に特徴的な樹林も、地形的財産として際立たせたいものである。防風林や防潮林、石垣など、その地域の風土に由来する地形もまちの重要な財産である。

　ここで紹介する根浜海岸では、海岸に続く防風林が夜間でも浮かび上がるよう、照明を設置した。こうした光は、歩行者を導く光（46頁参照）にもなり、ドライバーが道路境界と歩行者を把握するための光にもなる。[*8]

地形や建築物の輪郭を浮かび上がらせるトゥインクルライト　　COLUMN 8

　イベント的な光として、地形や街並み、建築物の造形を際立たせるイルミネーション「トゥインクルライト」を紹介したい。これは、樹木や建築の軒、屋上などに雪が降り積もったように光を設置することで、設置されたものの輪郭をより明快に感じさせ、その場所にしかないイルミネーションをつくる手法である。光を全体にちりばめる一般的なイルミネーションに比べ、コストを下げられるという利点もある。

歩道沿いの植栽や建物の手すり、軒に降り積もるトゥインクルライト（左：新宿サザンテラス、右：b6）

崖と坂のまち
越中八尾「夢あかり2006」／富山県富山市

CASE STUDY 3

川に面した崖の上に街並みが浮かび上がる

坂道、崖の上の街並みを際立たせる

　おわら風の盆で有名な越中八尾は、JR越中八尾駅の南に位置する。井田川に面した急勾配の崖（石垣）の上の街並みが特徴的な地域である。

　崖の上に建つ家々に窓あかりや軒先のあかりを設置することで、建物や地形の凹凸が感じられる夜間景観が生み出され、街並みが浮かび上がる。また、河原から崖上への坂道には、歩行性能を確保するための電球（5W相当）が約10m間隔に設置されており、これらもこの地域の地形的財産である坂を可視化する光となっている。

水を感じさせる

　井田川に架かる禅寺橋の照明は、人が歩行できる最小限の明るさに抑えているため（49頁参照）、崖の上の家並みと水辺が一体となった越中八尾の特徴的な風景を一望することができる（地形的財産の再発見）。川沿いに設置した照明が水に映る光となり、夜間にも水辺を感じられ、橋の上から川へと視線が抜ける空間を生み出している。*9

川沿いの道には、約20m間隔に40W相当の電球を50灯設置

上：越中八尾周辺図。右上：井田川からの断面。崖の上に建つ家々と川沿いでは約40mのレベル差がある。右下：遠景

1636年（寛永13年）の八尾町成立と同時に、甚九郎の渡し場から本町（西町・東町）に至る橋と坂道がつくられた。この橋を禅寺橋、坂道を禅寺坂という。近隣の商人たちは買い物や交易のためこの橋を行き来した。その名の由来となった禅寺（宗禅寺）は1661年（寛文元年）に宗圓寺として創建

建物 1　　　2　　　3　　　4　　　5　　　6　　　7

既存街路灯

現状の西町通り(南側)。街路灯はあるものの暗がりが多い

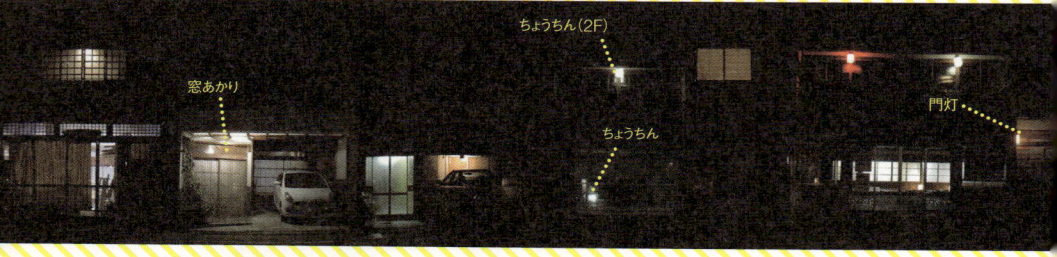

ちょうちん(2F)

窓あかり

ちょうちん

門灯

窓あかり、門灯などの照明を設置した西町通り。街路灯は消されていても人の気配が感じられる

人の気配をつくる

　越中八尾の西町通りは、南北に細長く間口の狭い町家が数多く残り、この地域の歴史の積み重ねが感じられる街並みとなっている。しかし夜間になると、街路灯はあるものの暗がりが多くなっていた(写真上)。

　そこで、窓あかりのほか、門灯、軒先に照明を設置。屋内から外に漏れる光によって、人の気配を感じられる街並みが形成された(写真下)。住民に対するアンケートでは、この試みによって「越中八尾へのふさわしさ」が向上したとの評価も得られている(次頁参照)。[*10]

ボイド照明で暗がりをなくす

　駐車スペースやその奥の玄関先など、道から凹んだ場所(ボイド)は、暗がりになりやすい。あんどんや門灯などを設置すると、夜間歩行者の不安感が軽減し、防犯性が高められるだけでなく、凹凸のある街並みの特徴が際立ってくる。

奥まった場所にボイド照明を設置

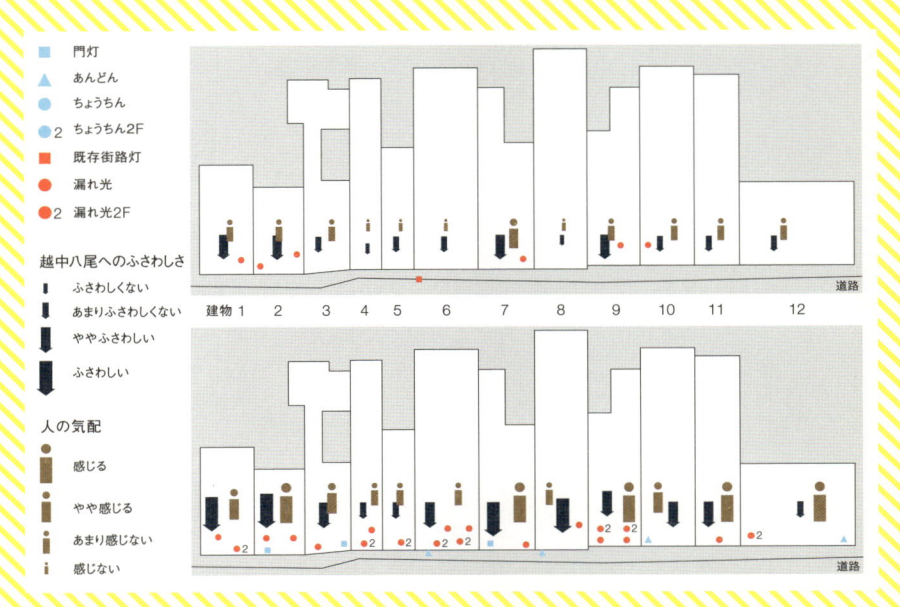

西町通りに対するアンケート結果
上：現状の西町通りの夜間景観に対する意識。下：窓あかりや門灯などを設置した後の夜間景観に対する意識。人気を感じる度合いとともに越中八尾の街並みとしてふさわしいとの意識が向上している

77

安心・安全

人は自分のまわりの空間や道の形、
暗がりの不審者の有無、人の存在を感じ取れると、
夜間でも安心してまちを歩くことができます。
こうした配慮に加え、災害時の避難誘導、
防災・減災を意識した照明計画によって、
安心・安全なまちづくりを進めたいものです。

まちの暗がりをなくすボイドライト

街路の凹凸に物陰がなくなる

　一般的な街路照明では、路面を中心に照明するため、周辺の街並みの凹凸が暗がりとなり、認識できない空間（ボイド）になりやすい。ボイドを解消するために光を置く（ボイドライト）と、街路の見通しがよくなる。また、暗がりがなくなるため、不審者の有無が把握しやすくなり、路面の照度、輝度を基準とした従来の照明計画に比べ、防犯性が高まる。まち固有の空間性も際立ち、景観的にも豊かなまちをつくることができる。[*11]

一般的な街路照明計画
防犯灯が均等に設置され路面は明るいが、そのまわりが暗がりになりやすいため、空間を把握しづらい

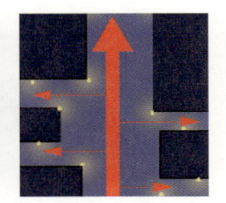

ボイドライトによる照明計画
暗がりをなくすような場所に低位置照明を置くことで、街路の凹凸が認知しやすい

官民一体となった光の整備

　まちの奥まった場所にボイドライトを設置するには、行政と住民がまちの光に対する考え方を共有し、行政の管理する道路とその周辺の民有地を一体的に整備する必要がある。場所によっては、民有地に照明を設置する必要もあるからだ。

　住民が光の整備にかかわることで、まちに対する意識が高まり、整備後の自発的な地域活性化活動にもつながっていく。

通常の街路照明
道路の路面上を効率的に明るくする考え方に基づき、街路に沿ってできるだけ均等に照明灯を並べる

ボイドライトによる街路照明
路面上の明るさに重点を置くのではなく、街路周辺の凹凸に玄関灯、門灯、電信柱灯などを配置し、街の明るさ感を増す

人気を感じさせる窓あかり

屋内からの光に人気を感じる

窓あかりから人気を感じると、犯罪の抑止力にもなる。窓あかりはその多くが室内の設置となるため、住民の協力が不可欠であるが、こうした光が連続するまちでは、防犯性の高い、安心・安全な景観が実現する。[*12]

室内に窓あかりを設置するとともに既存の街路照明を消灯した例。内部に光がともり文化的財産が浮かび上がる（川越一番街「窓あかりの美しいまち」）

減災のための光

避難路へ誘導する

現在のまちの整備では、減災への対応が不可欠なものとなっている。地域の地形、歴史の特徴や財産を踏まえ、夜間の避難誘導をうながす照明計画が必要である。避難経路を示すとともに、周辺の街並みや特徴的な要素（石碑、鳥居や地域のシンボル的な樹木など）を光で可視化することで、より避難誘導が促進される。[*13]

室内の窓際に照明を設置し、外部へ光が漏れやすいようにした例（相倉集落「ゆめあかり2005」）

避難路から周辺につながる光を設置することで、特徴的な夜間景観が形成され、避難路がより強調される

津波発生時の避難誘導に必要な光のイメージ

津波の予想到達ライン

避難経路へ誘導する光

高台入口を示す光

CASE STUDY 4

活性化が求められる中山間地域のまち

岩手県大野村まちづくり事業／街路灯整備計画／
岩手県九戸郡大野村（現・洋野町）

照明実験「夢灯り」の様子。既存の電柱に照明を設置するほか、門灯タイプの照明を民有地側にセットバックしたところに設置。「おおの・キャンパス・ビレッジ」構想は、東京大学都市工学部北沢猛教授（故人）が大野村アドバイザーとして参画した

照明実験によって、ボイドライトの有効性を行政と住民が共有

　各地の中山間地域と同様、高齢化や過疎化の問題を抱える大野村では、「一人一芸の村」として「大野木工」を生み出すなど、地域産業の振興に力を注いできた。2000年以降は大学と連携し、「おおの・キャンパス・ビレッジ」構想を展開。地域の個性を打ち出した取り組みは、全国から注目されている。

　こうしたまちづくりの一環として街路灯整備が計画された際、住民にとって安心・安全の光とは何かを検討。アンケートやワークショップによる照明実験を通して、ボイドライトの設置によって暗がりに対する不安が減少し、防犯的にも有効であることを住民とともに確認することができた。その結果、民有地側にセットバックした箇所に照明器具が設置されるなど、行政と住民が一体となった整備が実現した。

実験結果をもとに「大野村らしさ」をつくる

　照明実験の結果をまちの整備事業に反映すべく、既存の電信柱を利用したレトロな照明器具や門灯タイプの照明を設置するなど、きめ細かな照明計画が進められた。画一的な街路照明に頼らず、街並みを際立たせるボイドライトの考え方で整備することで、大野村らしい夜間景観が生み出されている。*14

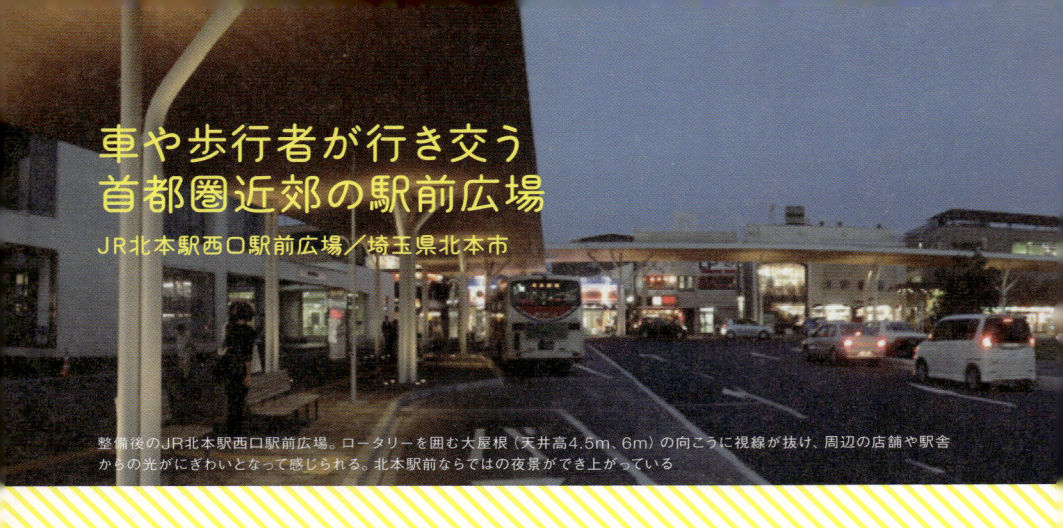

車や歩行者が行き交う首都圏近郊の駅前広場
JR北本駅西口駅前広場／埼玉県北本市

整備後のJR北本駅西口駅前広場。ロータリーを囲む大屋根（天井高4.5m、6m）の向こうに視線が抜け、周辺の店舗や駅舎からの光がにぎわいとなって感じられる。北本駅前ならではの夜景ができ上がっている

大屋根の下の暗がりをなくす（ロータリーまわり）

　首都圏のベッドタウンのひとつ、北本市の住民の多くが利用するJR北本駅。朝夕のラッシュ時には歩行者のほか、通勤・通学の家族を送り迎えする自家用車、バスやタクシーが複雑に行き交う。2008年以降に進められた駅前広場の整備では、タクシープールとロータリーを囲む形で歩道、バスやタクシーの乗降場と大屋根が計画された。

　人が車道に飛び出しやすい各種乗降場、横断歩道、駅舎前（送迎車の駐車が頻繁）の歩道にはダウンライトで光を落としている。ドライバーが歩行者の挙動を把握し、危険を予測できる光となっている。

　また、柱という障害物を歩行者やドライバーに認識させるために、柱まわりの床面にアッパーライトを設置。屋根面を下から照らすことで、大屋根を浮かび上がらせる演出の光にもなっている。こうした手法を生かすために、ダウンライトは徹底したグレアレスとして屋根面をきれいに仕上げた。

車歩道の境界部に光を設置（駅前通り）

　車道と歩道の境界部に庭園灯を設置し、ドライバーが道の形や歩行者の有無を把握しやすい光環境の街路となっている。高さの低いボラード照明や店舗から外に漏れる光によって、このまちの個性が感じられる夜間景観が生み出されている。

CASE STUDY 5

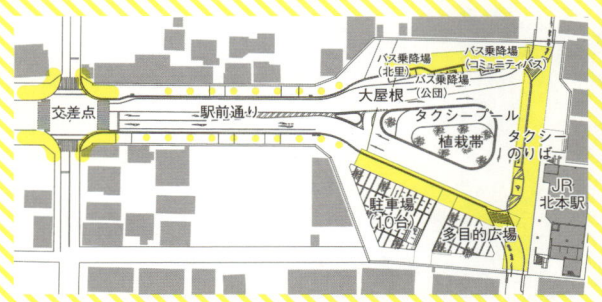

JR北本駅西口駅前広場平面。大屋根に囲まれたロータリーには、北側にはバス乗降場、駅舎前にタクシー乗り場、南側には駐車場や多目的広場が整備されている。ロータリーから駅前通り、交差点までが計画範囲である

歩行者に対する危険予測をうながす光を用意（交差点）

　一般の交差点では、交差点内の平均輝度を基準とした照明計画が進められることが多いが、ここではドライバーが歩行者や自動車の有無を把握しやすいよう、歩道部を重点的に明るくする計画が進められた。高ポール灯を設置せず、信号機に照明器具を共架したことで、景観も向上している。[*15]

信号機に照明器具が共架された交差点

減災のための高台避難誘導

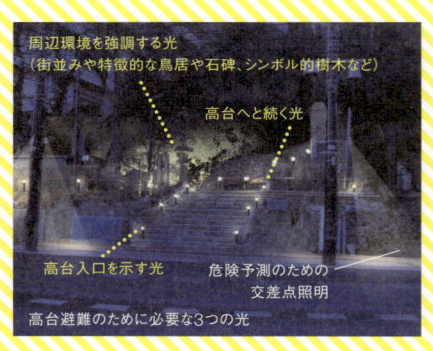

岩手県釜石市観音寺周辺・照明社会実験／
岩手県釜石市

CASE STUDY 6

高台への避難を促進するための光環境の照明実験。高台入口である階段に設置した光、その先の坂道に上へと続く光が高台への避難路を印象づけている。こうした光によって石碑や石灯籠が際立ち、ここにしかない夜間景観が生み出されている

- 周辺環境を強調する光（街並みや特徴的な鳥居や石碑、シンボル的樹木など）
- 高台へと続く光
- 高台入口を示す光
- 危険予測のための交差点照明

高台避難のために必要な3つの光

高台入口・経路の認識と可視化

　減災防災対応が急がれる被災地では、減災への意識を高めるとともに地域の特性を際立たせる光環境が必要である。

　釜石市観音寺周辺で行われた照明実験の結果、津波からの避難に不可欠な高台入口の認識と経路の可視化には、3つの光「高台入口を示す光」「高台へと続く光」「周辺環境を強調する光」が有効であること、また、こうした光によって、日中より夜間のほうが、高台入口が認識しやすくなることが確認できた。釜石市では、この考え方をもとにした光の整備が行われる予定である。[*16]

できることをできる範囲から

　減災対策が急がれるこうした地域では、特に重要な避難所への誘導効果を促進する高台入口から整備を進め、それを試金石にしながら徐々にまち全体へと広げていく「部分から全体へ」という考え方が必要だ。

　数十年先までの運用を考慮して計画する通常のインフラ整備は、コストも時間もかかってしまう。こうした長期的計画と並行して、十年単位の視点で計画する仮設的な整備を行うことで、地域の実情に即した実践的な減災対策が可能となる。

ファサードに人のアクティビティをしみ出させる COLUMN 9

　日本の多くの公共空間では、安心・安全の光環境のために、照明に関するいくつかの基準に基づいて計画されてきた。ところが、少ないカテゴリーで分類された照明基準では、空間のさまざまな状況に対応できていないのが現状である。特に街路の計画は、ただ明るくすることが、経済発展の象徴のようにとらえられている一面もうかがえる。本当に豊かな光環境とは何か？

　人の生活する場には光があり、光があるところには人の生活がある。そんな人の行為を基準にした当たり前の光環境をいまの時代、再構築する必要があるだろう。デザインの追求というより、むしろ「人」と光のかかわりを機能的に導き出す手法に新たな建築の可能性があるのではないだろうか。

　人の活動のオン・オフを、建物のファサード照明のデザインに組み込むと、建物内部のアクティビティが素直に外部にしみ出ていく。人のアクティビティが可視化され、その都市、まち、建築の本質的な景観が形成される。

大阪駅前のランドマーク的なビルのファサードに、人の活動のオン・オフを光で表す。人が活動している時間は、室内灯によって人のアクティビティが外部に表れ（上左）、人がいなくなると、ダブルスキンのマリオンの隙間に仕込まれた照明が点灯し（上中央・上右）、建物をライトアップする。ここにしかない店舗のファサードが目立つよう計画されている（下）（ヒルトンプラザウエスト）

第3章
光のディテール

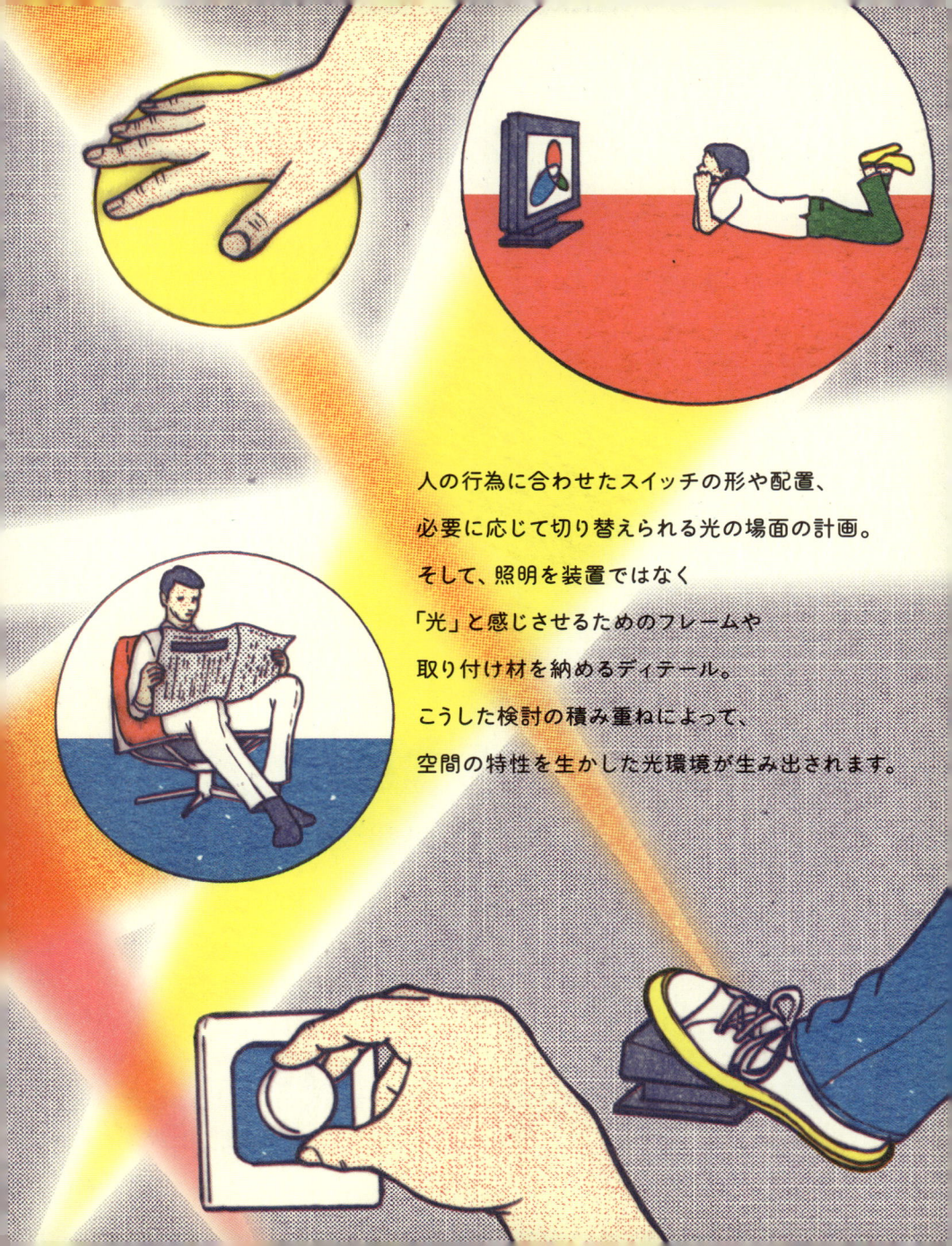

人の行為に合わせたスイッチの形や配置、
必要に応じて切り替えられる光の場面の計画。
そして、照明を装置ではなく
「光」と感じさせるためのフレームや
取り付け材を納めるディテール。
こうした検討の積み重ねによって、
空間の特性を生かした光環境が生み出されます。

スイッチ

スイッチの形と操作方法はさまざま

　スイッチの形や操作方法には、多くの種類がある。現在、「押す」タイプのスイッチがよく見受けられるが、人の行為に合わせて、直感的に操作しやすいスイッチを選択したい。

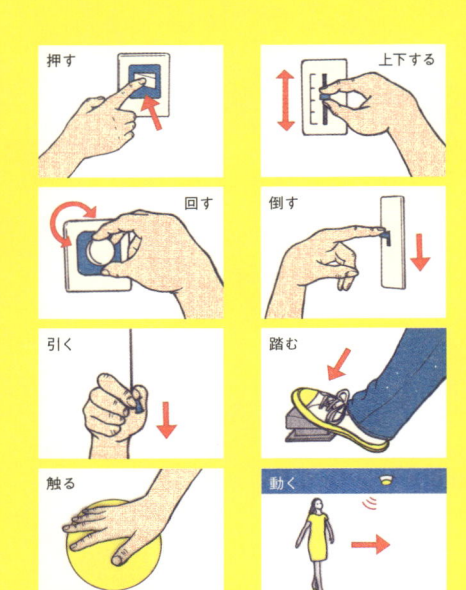

さまざまなスイッチの操作タイプ例

前後の行為と連動しやすい位置に設置

　照明をオン・オフする前後の行為と連動して操作できる位置にスイッチを設置する。たとえばドアの横にスイッチが必要な場合、腰高（ドアノブと同じ高さ）に設置すると荷物で手がふさがっていても体でスイッチを押せるため、ドアの開閉とスイッチ操作がスムーズに行える。

ドアの開閉とスイッチの操作は、連続的に行われやすい行為

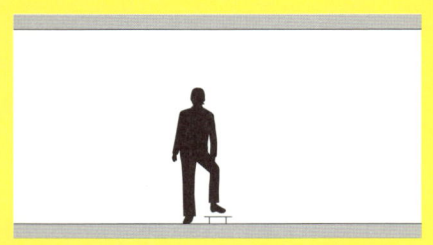

手術室など手を使わないで操作する必要のある場所では、踏むスイッチやセンサースイッチが採用される

使う人に合わせた スイッチのデザイン
ふじようちえん／東京都立川市

CASE STUDY 7

プルスイッチの紐は子どもも操作しやすい位置まで下げている

大人も子どもも使えるプルスイッチ

プルスイッチの紐を子どもの手が届く高さまで下げ、大人も子どもも操作できるようにしている。子どもが自分で光をオン・オフできる楽しさや照明の仕組みを体験し学べる計画である。

子どもの使用を考慮した安全装置

プルスイッチの紐と天井に設置したプレートの取り付け部分は、15kg以上の荷重がかかると外れるようになっている。子どもがふざけてぶら下がったり強く引っ張ったときにも器具が壊れたり事故のないよう配慮されている。

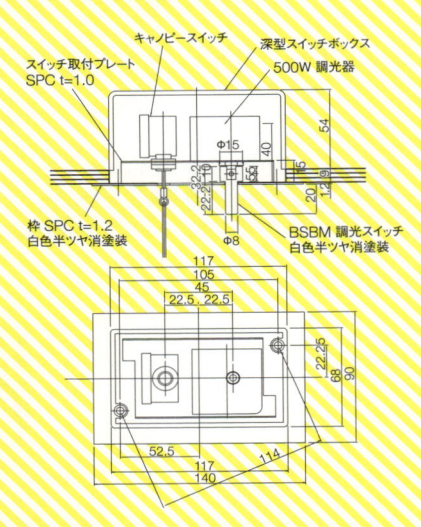

プルスイッチの紐が長いと、大人も子どもも操作できる

調光器は子どもの手が届かない天井の高さに設置されている

スイッチ取付け部詳細 S=1/5
操作性とデザインに考慮し、通常のタイプより細い直径8mmの調光器を採用

光の場面

行為に合わせた光の場面をつくる

　その空間をどう使うのか。ユーザーへのヒアリングなどを通じてその行為を読み解き、光が必要な場所や明るさの度合いに応じて、いくつかの光の場面を計画する。

　住宅の場合、深夜にトイレに行くときや非常時にも対応できるよう、夜間でも人が移動できる常夜灯は用意しておきたい。それらは不在時に人気を感じさせる防犯のための光としても働く。

この住宅は、海沿いの道路に面しており、リビングの両端に海方向に開いたデッキ、山方向に開いたデッキが設けられている。ここでは4つの光の場面を計画（次頁参照）。スイッチひとつで場面を切り替えることができる（横須賀の週末住宅）

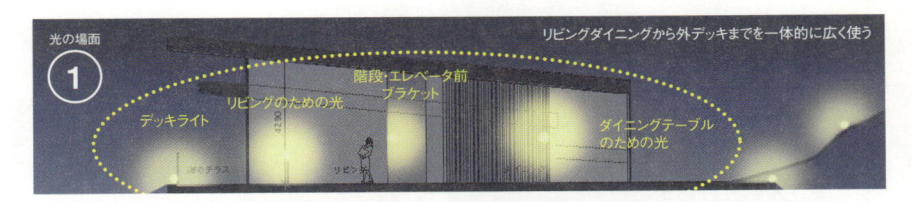

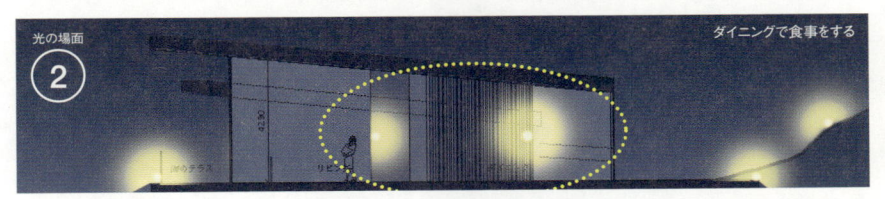

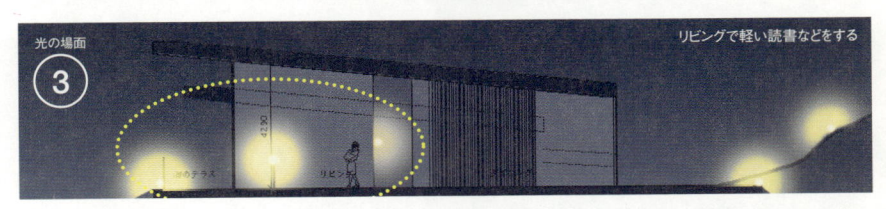

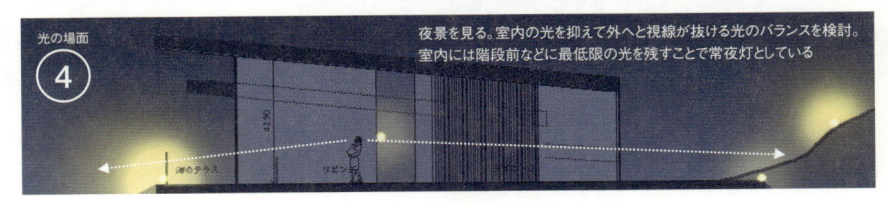

光の場面 ① リビングダイニングから外デッキまでを一体的に広く使う
デッキライト　リビングのための光　階段・エレベータ前ブラケット　ダイニングテーブルのための光
沖のテラス　リビング

光の場面 ② ダイニングで食事をする

光の場面 ③ リビングで軽い読書などをする

光の場面 ④ 夜景を見る。室内の光を抑えて外へと視線が抜ける光のバランスを検討。室内には階段前などに最低限の光を残すことで常夜灯としている
沖のテラス　リビング

海側外観

リビングから海方向を見る

アクティビティに合わせた光の制御

パシフィックガーデン茅ヶ崎／神奈川県茅ケ崎市

CASE STUDY 8

住戸棟
建物から漏れる光（バルコニー）
住戸棟
共用通路
アプローチ道路
住戸棟
IL40W デッキライト
住戸棟
ジャンクションの光
パーキング
建物から漏れる光（玄関灯など）
境界を示す光
シンボルツリーの光
イベント的な光

スポットライト
ハロゲン50W

LEDイルミネーション

IL60W ブラケット照明

庭園灯 H300〜800mm、約15〜20mピッチ

光の場面
① アクティビティの高い時間帯
（日の入りから23時）

光の場面
② アクティビティの低い時間帯
（23時から日の出）

アクティビティに合わせて用意した2つの光の場面

　この集合住宅では、夕方から日の出までの時間を、1.人が活発に活動している時間帯（日の入りから23時）と、2.人通りの少ない深夜（23時から日の出）に分け、2つの光の場面を計画している。

　1の場面は、住民や来訪者を目的地まで導く光とドアの鍵穴が見える光（機能的な光）のほか、樹木をライトアップするなど演出的な光を加え、それぞれのバランスを考慮した計画となっている。2の場面では、演出的な光はなくし、深夜に帰宅した人が住戸に至るまでに必要な最小限の光を用意している。[*1]

光の場面
① 機能的な光＋演出的な光

光の場面
② 機能的な光

(図：鍵穴の認識／ドア、インターホンの認識／表札の認識／メールボックス確認／EV／エレベータ乗り口の認識／樹木演出の光)

(図：鍵穴の認識／ドア、インターホンの認識／表札の認識／メールボックス確認／EV／エレベータ乗り口の認識)

機能的な光と演出的な光によって構成。明るさの分布は全体的になだらか

機能的な光のみ残し、演出的な光は消灯。エレベータ前を特に明るくし、サイン的な役割を持たせている。ドア前の光などは鍵穴の認識ができる最低限の明るさに抑えている

住戸棟外観

住戸棟外観

見えない納まり

空間に拡散する光をつくるメリット

空間の真ん中に拡散光を設置すると、床・壁・天井が均一に照らされ、空間の特性が際立ってくる。空間に応じてペンダント、スタンド、シーリング、ブラケットなどの照明器具を使い分けながら拡散光をつくり出し、空間の質を高めていく。

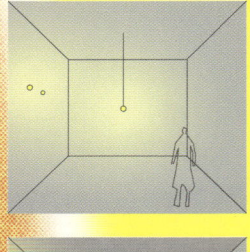

空間の真ん中に拡散光を設置すると、空間全体が均一に照らされ、空間の特徴が際立つ。空間を構成する面が一体となって感じられる

ダウンライトや間接照明などビルトインされた光は空間に陰影を生み、面の明るさに優劣をつくる。設備的な要素が見えてくるほど、マッシブな面としての強度は失われていく

器具の存在感を抑える

空間の中に光だけがある状態をつくり出すために、照明器具が目立たないよう、なるべくシンプルな納まりを検討する。現在、施工性などを考慮して、照明器具のフランジ（継手）は厚みのあるタイプが用いられることが多い。小さなフランジを採用すると施工の手間は増すが、器具の存在感が抑えられ、より質の高い空間をつくることができる。

建築や内装と並行した施工を検討

通常、電気工事は建築の施工がほぼ終了してから行われる。しかし、ソケットを躯体に埋め込んだり器具の取り付け部の開口を小さくするなど、照明器具の存在感を抑えるためには、建築や内装工事と並行した施工計画が求められる。

直付け

直径90mmの薄い板状のフランジをネジ留め（埋め込みボックスまたはボードに直接固定）。フランジを薄く、ソケットカバーを高さ58mm、直径42mmと小さくすることでソケット露出型ながら器具の存在感を抑えている

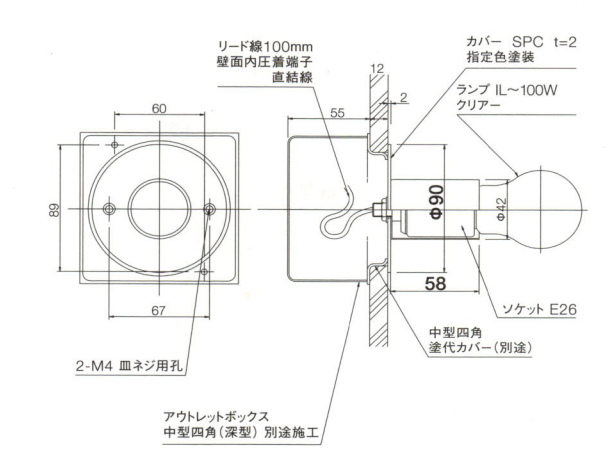

リード線100mm
壁面内圧着端子
直結線

2-M4 皿ネジ用孔

アウトレットボックス
中型四角（深型）別途施工

カバー SPC t=2
指定色塗装

ランプ IL～100W
クリア

ソケット E26

中型四角
塗代カバー（別途）

埋め込み

ソケットをボードの裏に納め、表面にはランプの発光部のみが露出している。直径90mmの薄い板状のフランジをネジ留め（埋め込みボックスまたはボードに直接固定）。仕上げ材を張る前に埋め込みボックスや下地材を入れておく必要がある

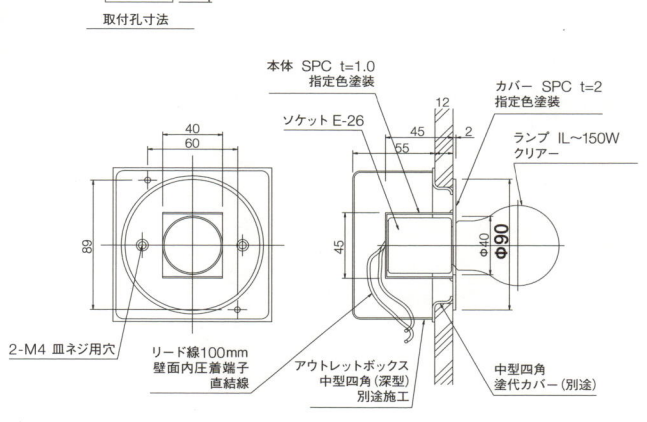

取付孔寸法

2-M4 皿ネジ用穴

リード線100mm
壁面内圧着端子
直結線

本体 SPC t=1.0
指定色塗装

ソケット E-26

アウトレットボックス
中型四角（深型）別途施工

カバー SPC t=2
指定色塗装

ランプ IL～150W
クリア

中型四角
塗代カバー（別途）

照明器具詳細　S=1/5

図の寸法・記号:

- 2-M4 樹脂押しネジ
- 天井切り込み穴寸法
- リード線100mm付
- 速結フリー端子
- STΦ9.5
- 2-M3 スプリング留めネジ
- SUS スプリング
- Φ40
- SPC t=1.6 白色半ツヤ塗装（マンセル N9.5）
- 樹脂ブッシング
- Φ9.5 ニップル 白色半ツヤ塗装（マンセル N9.5）
- VCPFコード 1.25 白色
- ソケットカバー SPC 白色半ツヤ塗装（マンセル N9.5）
- ソケット E26 磁器
- ランプ IL～150W
- Φ42
- Φ60

ペンダント

直径40mmの板状のフランジを天井にバネ留めすることで取り付け部が目立たない。天井面の開口は直径30mmと小さいため、配線や結線の施工計画は慎重に検討する

＊取り付けの際板バネの先端を摘んで取り付け穴に差し込む

照明器具詳細　S=1/3

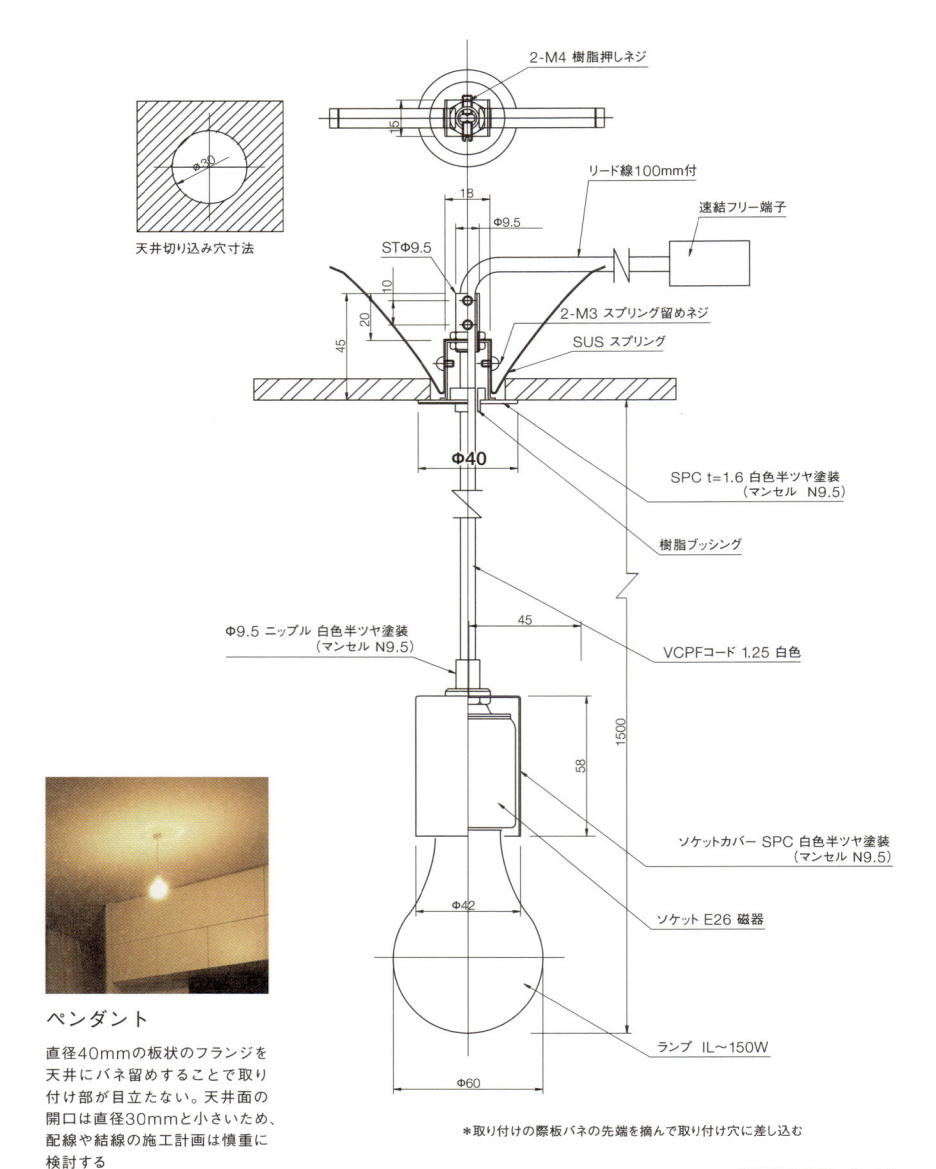

木質空間に光を浮かべる

高野山真言宗 歓成院 大倉山観音会館／神奈川県横浜市

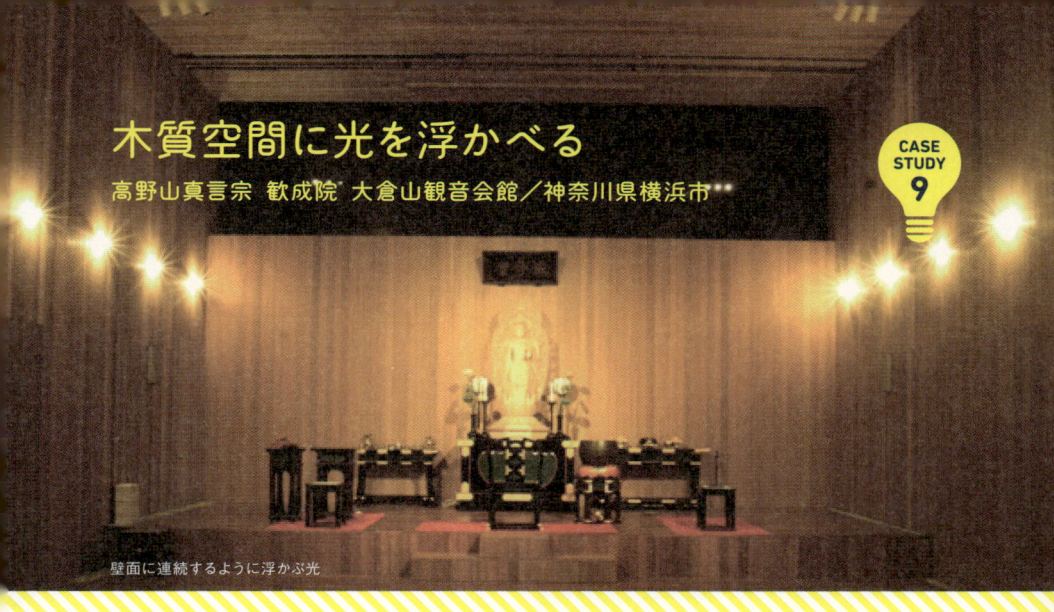

CASE STUDY 9

壁面に連続するように浮かぶ光

ボードにソケットを埋め込む

　壁の仕上げ材の表面に白熱電球のグローブ（発光部）だけが表れている。ソケットホルダーを組み込んだボックスカバーは壁の仕上げ材を貼る前に下地材または埋め込みボックスに固定。仕上げ材にソケットホルダーの径の穴を開け、そこから配線を出して表からソケットと結線する。ソケットホルダーにソケットを納め、締め込みリングで固定している。

仕上材の表面にグローブだけが表れている。取り付け開口の見えがかりの直径は50.8mm

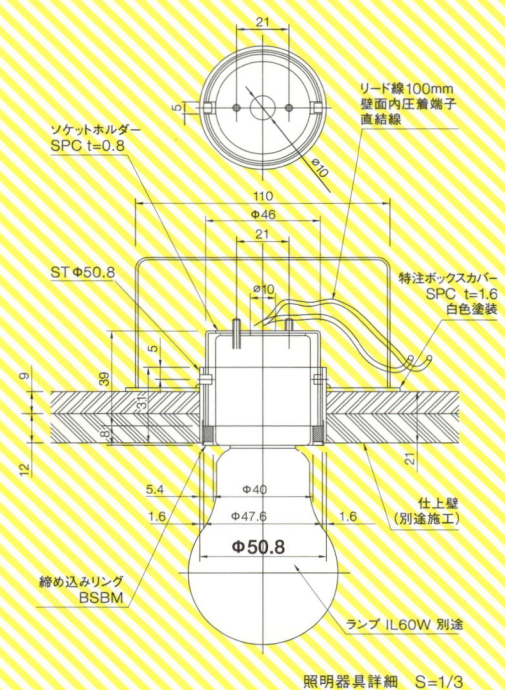

リード線100mm 壁面内圧着端子直結線
ソケットホルダー SPC t=0.8
特注ボックスカバー SPC t=1.6 白色塗装
ST Φ50.8
仕上壁（別途施工）
締め込みリング BSBM
ランプ IL60W 別途

照明器具詳細　S=1/3

照明器具を躯体に埋め込む

Q-AX／東京都渋谷区

CASE STUDY 10

ソケットが埋め込まれたコンクリートの躯体

コンクリートにソケットを埋め込む

　照明器具の存在を極力なくすため、コンクリート打設時に配線とコンクリートボックス、ソケットを組み込んだボックスカバーを埋め込んだ。コンクリート表面にソケットと同じ径の穴を開け、配線を出してソケットと結線している。コンクリート壁から電球だけが表れる納まりとなっている。

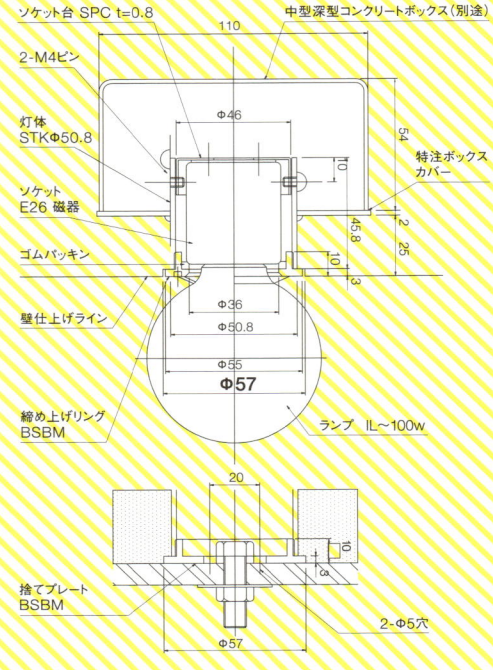

コンクリート壁の表面にグローブだけが表れている。締め上げリングの見えかがりの直径は57mm

照明器具詳細　S=1/3

ソケット台 SPC t=0.8
2-M4ピン
灯体 STK Φ50.8
ソケット E26 磁器
ゴムパッキン
壁仕上げライン
締め上げリング BSBM
中型深型コンクリートボックス（別途）
特注ボックスカバー
ランプ　IL～100w
捨てプレート BSBM
2-Φ5穴

展示物を際立たせる
ダウンライト

那須歴史探訪館／栃木県那須郡

CASE STUDY 11

藁左官仕上げの天井に設置されたダウンライトによって展示物が際立つ

グレアレスのダウンライトを設置

天井に吊られた藁左官仕上げのエクスパンドメタルの隙間に、グレアレスのダウンライトを設置している。展示物が際立つよう、建築の要素を生かしつつ空間に照明器具が露出しない納まりを検討した結果、導かれた手法である。

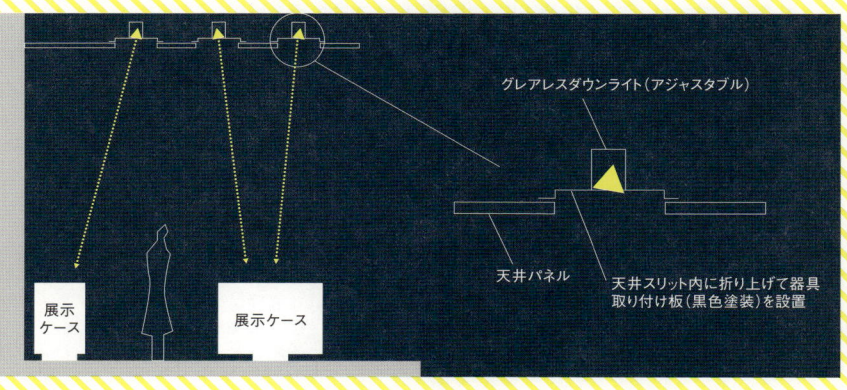

グレアレスダウンライト（アジャスタブル）

天井パネル

天井スリット内に折り上げて器具取り付け板（黒色塗装）を設置

展示ケース

展示ケース

天井パネルの隙間にグレアレスのダウンライトを埋め込む

註

第1章
*1 角舘政英、堀貴子、堀口則彦、松井教順、関口克明「段差認識の行動特性と夜間における街路歩行上の安全性に関する研究」『照明学会講演論文集』2001年9月。角舘政英、関口克明「段差認識の行動特性と夜間における街路歩行上の安全性に関する研究」『日本建築学会学術講演梗概集』2001年7月
*2 堀江正浩、関口克明、角舘政英、野中太郎「認知行動から見た夜間の都市空間構成要素の評価」『日本建築学会学術講演梗概集』2003年7月。堀江正浩、関口克明、角舘政英、野中太郎「ランドマークと場所の認知から見た光環境に関する研究」『日本建築学会学術講演梗概集』2002年6月。小林憲治、関口克明、角舘政英、鈴木清久、野中太郎、川島勇「街路照明における空間認知に関する基礎的検討」『日本建築学会学術講演梗概集』2002年6月
*3 角舘政英「さいたま新都心東側交通広場歩行者デッキの光環境計画」『照明学会誌』2000年12月
*4 海藤哲治、角舘政英、小林茂雄「光によるまちづくりのための住民参加ワークショップ：富山市八尾町での奮闘記（楽しいあかりのヒント）」『照明学会誌』2006年4月
*5 前掲書、第1章註1
*6 小林茂雄、鈴木竜一、角舘政英、塚本由晴、貝島桃代「渋谷区立宮下公園における要求性能に基づいた低照度光環境の計画と評価」『日本建築学会環境系論文集』2013年
*7 角舘政英、小林茂雄、海藤哲治「地域性と横道認知を考慮した交差点の光環境整備の提案―富山市八尾町を対象として」『日本建築学会環境系論文集』2006年12月。永井俊介、桃井州士、関口克明、角舘政英「夜間街路における光環境のあり方―交差点認知に関する基礎的検討」『照明学会講演論文集』2004年8月。永井俊介、関口克明、角舘政英「交差点認知を考慮した夜間街路の光環境に関する研究」『日本建築学会学術講演梗概集』2004年7月。永井俊介、関口克明、角舘政英、川島勇「危険予測からみた交差点の光環境と夜間景観に関する研究」『日本建築学会学術講演梗概集』2003年7月。
*8 小林茂雄、名取大輔、神宮彩、角舘政英「建物に付属する光によって与えられる路上での安心感：岐阜県白川村の平瀬地区を対象として」『日本建築学会環境系論文集』2008年5月。角舘政英、川島勇、下坪武史、永井俊介、本村洋、関口克明「周辺部を考慮した夜間街路の光環境に関する研究―岩手県大野村まちづくり整備」『照明学会講演論文集』2003年8月。野中太郎、北沢猛、遠藤新、関口克明、角舘政英、鈴木清久、小林憲治、川島勇「岩手県大野村の中心地区まちづくりにおける光環境整備の実践」『日本建築学会学術講演梗概集』2002年6月。田中暁子、北沢猛、遠藤新、角舘政英、池田聖子、義平真心、中村元、平井朝子「岩手県大野村中心地区におけるまちづくりの実践その5　道の風景の調査・分析」『日本建築学会学術講演梗概集』2002年6月
*9 角舘政英「街路空間における防犯性・安全性を高めるための照明環境に関する研究」学位論文（博士・工学）2009年8月。および前掲書、第1章註8

第2章
*1 前掲書、第1章註9の角舘論文
*2 前掲書、第1章註8
*3 小林茂雄、角舘政英、名取大輔「場所の認知を促す建物外構照明の提案―横浜市山手西洋館を対象として」『日本建築学会環境系論文集』2009年5月。名取大輔、吉ヶ江雅利、小林茂雄、角舘政英「場所の認知から見たイルミネーションのあり方に関する研究―横浜市の山手西洋館を対象として」『照明学会講演論文集』2007年
*4 小牟田桂吾、角舘政英、鈴木竜一、上野佳奈子、小林茂雄「東京都町田市原町田地区における照明社会実験：夜間街路の防犯性・省エネルギー性について」『日本建築学会学術講演梗概集』2011年7月。川島勇、下坪武史、永井俊介、本村洋、関口克明、角舘政英、野中太郎、小林憲治「夜間街路

歩行時の光環境評価―元町の街路照明計画にむけた一考察」『日本建築学会学術講演梗概集』2003年7月。川島勇、関口克明、小林憲治、野中太郎、堀江正浩、村井聡子、角舘政英、鈴木清久「街路照明における空間認知に関する基礎的検討」『照明学会講演論文集』2002年6月。鈴木清久、小林憲治、関口克明、角舘政英、下平裕之「街路空間の光環境の在り方に関する研究その6 ボイドの空間的要素と街路評価」『照明学会講演論文集』2001年9月。鈴木清久、関口克明、角舘政英、小林憲治「街路空間の光環境の在り方に関する研究その5 ボイドの空間的要素と街路評価」『日本建築学会学術講演梗概集』2001年7月。角舘政英、関口克明、合田奈緒子、下平裕之、鈴木清久「街路空間の光環境の在り方に関する研究その4 まちづくりとしての光環境整備の提言」『照明学会講演論文集』2000年8月。合田奈緒子、関口克明、下平裕之、鈴木清久、角舘政英「街路空間の光環境の在り方に関する研究その3 認知によるボイドの特性」『照明学会講演論文集』2000年8月。

*5 小林茂雄、鈴木竜一、角舘政英「分散配置型の低照度街路照明の整備と評価 岐阜県白川村平瀬地区での実践」『日本建築学会技術報告集』2012年2月。小林茂雄、名取大輔、神宮彩、角舘政英「建物に付属する光によって与えられる路上での安心感―岐阜県白川村の平瀬地区を対象として」『日本建築学会環境系論文集』2008年5月。小林茂雄、角舘政英、名取大輔「街路に隣接する空地の見通しを高めた屋外照明の提案―岐阜県平瀬地区を対象として」『日本建築学会環境系論文集』2007年。神宮彩、小林茂雄、角舘政英「街路歩行者の安心感を向上させる建物開口部及び周辺部の光環境の提案―岐阜県大野郡白川村平瀬を対象として」『日本建築学会学術講演梗概集』2007年7月。本村洋、関口克明、角舘政英「開口部による夜間街路空間の評価に関する研究」『日本建築学会学術講演梗概集』2003年7月。角舘政英、小林茂雄、海藤哲治、池田圭介「建物開口部からの光を活か

した夜間街路の照明計画―富山市八尾町を対象として」『日本建築学会環境系論文集』2007年2月。
*6 角舘政英、若山香保、中島直人、遠藤新「高台避難誘導環境整備からのまちづくり―釜石における高台避難誘導光環境整備実施に向けて―その1、その2」『照明学会講演論文集』2013年9月。若山香保、角舘政英、遠藤新、中島直人「高台避難誘導効果を促進する夜間の光環境整備の提案―岩手県釜石市東部地区を対象として」『日本建築学会学術講演梗概集』2013年9月。前博之、角舘政英、小林茂雄「夜間津波発生時の高台避難を支援する光環境整備―岩手県釜石市を対象として」『照明学会論文集』2012年。角舘政英、秋田典子、遠藤新、中島直人、小林茂雄、前博之「釜石における光環境整備への提案―照明仕様設計から照明性能設計への移行」日本建築学会東日本大震災2周年シンポジウム、2012年3月
*7 ウィチェンプラディト ポンサン、角舘政英「中国の歴史的な町並みにおける観光イベントを通した考察 ―西塘の国際低炭生態灯光芸術展を事例に」『日本建築学会学術講演梗概集』2011年7月。下坪武史、関口克明、村井聡子、角舘政英「地域の特性を考慮した夜間街路の照明計画に関する一考察」『照明学会講演論文集』2004年8月。
*8 前掲書、第2章註6
*9 前掲書、第1章註4
*10 前掲書、第2章註5
*11 前掲書、第1章註8、第2章註4
*12 前掲書、第2章註5
*13 前掲書、第2章註6
*14 前掲書、第1章註8
*15 前掲書、第1章註7
*16 前掲書、第2章註6

第3章
*1 前掲書、第1章註9の角舘論文

鼎談
人が親しみを感じる光の「うまみ」

手塚貴晴 × 手塚由比 × 角舘政英

行為を照らす

角舘政英（以下、角） これまで手塚さんたちと一緒に手がけてきたいずれの作品も、人間の行為と光のデザインをリンクさせてきました。その空間をお施主さんがどう使うのか、その用途にどう対応すれば空間に生きてくるのかを常に考えてきたと思う。

手塚貴晴（以下、貴） 部屋という単位の中で何ルクス（ℓx）の照度が出ているかが、従来の照明デザインの指標だと思うけれど、人が照明に求めているのはそういう数字ではないですよね。光によって自分の行為がどう誘導されるか、そこが大事なんじゃないかと思うんです。

「屋根の家」（2001）や「ふじようちえん」（2007）の屋根の上の照明は、本を読んだりバーベキューができるほどの明るさがあるわけではない。正直に言って役に立つものではないんです（笑）。でも、あそこに光があることで、「安心」という心理的な力が働く。そこが大事なんです。人の集まりややさしさを感じるんでしょうね。光には、照度などの数字では表せない力が働いていると思います。

なぜ夜景はきれいなのか、角舘さんと話をしたことがありますね。夜景の美しさというのは、その光自体がきれいというより、その瞬きの向こうにある命というものを感じるから。僕はそういう価値観を角舘さんから学んだと思います。

キャンプファイヤーで火をつけるとまわりが明るく、暖かくなりますね。おもしろいのは、その場には境界はないのに、火を囲んでいる人が「ちょっと行ってくるね」と立ち上がり、そして輪の中に入るとき「戻ってきた」と言うでしょう。そこには明らかに、結界のようなものが生まれているわけですよ。

手塚由比（以下、由） 光を当てるというより、あかりで場をつくるというのが、光の原初的な姿ではないでしょうか。角舘さんは、

「屋根の家」建築設計:手塚貴晴+手塚由比／手塚建築研究所、照明設計:ぼんぼり光環境計画(2001)。上:スケッチ。下:夜景

そこに取り組んでいるように思います。

🔵**貴** 僕らが、電球だけで光を成立させたのは「屋根の家」が最初だと思うけれど、そこにある行為しか照らしていません。あのとき、建物の空間がきれいに映し出されるというより、あかりと人との関係に重心が移ったと思うんです。

🟠**由** 空間をきれいに照らさなくても、光がなんとなくあれば空間は感じられますから。

🟢**角** 「屋根の家」のスケッチを初めて見たときのことは、鮮明に覚えています。あの狭い手塚事務所のアパートで（笑）、「明日、これをプレゼンテーションしようと思ってるの」と見せてもらったとき、「何だこれは!」と思った。いまでも思い出すと鳥肌が立つくらい、あんなに感動した住宅はいまだありません。

🟠**由** すごく感動していましたね（笑）。ベタ褒めしてもらった。

🟢**角** 建築の根本的な原理をリセットするような作品でしたからね。

🟠**由** 何のために建築をやっているのか、私たちも、それまできちんと意識できていなかったことが、「屋根の家」で明快になったと思っています。

🟢**角** 人の動きに合わせて電球を置きましょうと提案したとき、お施主さんは僕らの目指す方向をすべて理解してくれて、ちゃんと使ってくれている。すごく幸せだったと思います。竣工後、屋根の上でお茶を飲んでいたら、娘さんが帰ってきて、ランドセルをバーンと屋根の上に置いて、遊びだしたんですよ。ああ、ちゃんと使っているんだと思って、本当に感動しました。

手塚貴晴（てづか・たかはる）／建築家
1964年、東京都生まれ。1987年、武蔵工業大学工学部建築学科卒業。1990年、ペンシルバニア大学大学院修了。1990-1994年、リチャード・ロジャース・パートナーシップ・ロンドン。1994年、手塚由比と手塚建築研究所を共同設立。2006年、UCバークレー客員教授。2009年、東京都市大学教授。グッドデザイン金賞、日本建築学会賞ほか多数受賞。

あかりで場をつくる

🔵**貴** 「茅ヶ崎シオン・キリスト教会／聖鳩幼稚園」（2013）の計画中、角舘さんは昼間と夜で同じ照明はよくないと言って、僕もそのとおりだなと思いました。

🟢**角** 教会の空間というのは、いろいろなモードがあると思うんです。光は神を象徴するかもしれないし、暗闇はまた別の意味を持つかもしれない。夜になったらライ

トアップするとか考えがちだけど、そういう光と闇のバランスを考えながら混在させていくことが必要だと思うんですね。

　フランスの田舎の教会に行ったとき、中に入ると、暗い空間の中で壁画がふわっと浮いて見えたんです。何で浮いて見えているんだろうと、近くまで寄ってみたら、モザイクタイルの金箔が淡い光を受け、それが白く浮いて見えた。日本の金屏風などに見られる金の使い方も、それに近いと思うんです。

　インテリア全体が黄金で覆われているサン・マルコ寺院は、昔はきっと、ろうそくを灯した黄金の空間の中でミサを行っていたわけですよね。それはとても奥ゆかしい環境だったと思うんです。でもいまは、お金をチャリンと入れるとバーンとライトアップされてしまう（笑）。かつての黄金の空間とは、全然違うものでしょう。

（貴）「茅ヶ崎シオン・キリスト教会」では、ライトアップは一切やめて、夜は人しか照らしていません。たぶんそれによって、ろうそくを持ってお互いを照らし合った昔のキリスト教の集いと非常に近い場が生まれていると思う。それは、いかに教会を美しく見せるか、オフィスビルをいかに美しく見せるかといった、イルミネーションとは全く違う、人間の記憶に刻まれた原初的なあかりです。

（由）角舘さんは、空間ではなく、建物で人が動くところを照らしている。そこにある光は、人が何かするためのものなんですね。

（角）建築は人がいないと成立しませんから。建築の持っている本質的な意味を光でどう表現できるか、考えたいですね。

（貴）「屋根の家」で撮られた写真は、人が大々的に写されていて、国内だけでなく海外のメディアでも使われています。それ以前は、人が主役になっている建築写真がメディアに取り上げられることは、ほとんどなかったと思うんです。建築そのものをメインテーマにするとその本質が失われると、建築メディアも気がつき始めたのでしょう。照明デザインの分野で初めてそれに気がついたのは、もしかしたら角舘さんかもしれません。建築家が格好よく建物をつくっても、これを目立たせたら終わりだよと（笑）。

（由）モノよりもコトが大事という価値観を、角舘さんは光で表明していると思います。角舘さんはよく「光がたまっている」と言いますが、それは、さっきのキャンプファイヤーのような場なんでしょうね。ぼんやりしたあかりで領域をつくっている。

（角）以前、オープンハウスに来てくれた人には「角舘はここで何をやったんだ？」と言われることが多かったけれど、それは

「ふじようちえん」建築設計：手塚貴晴＋手塚由比／手塚建築研究所、照明設計：ぼんぼり光環境計画（2007年）

それで正解だなと思っていました。

由 私たちのつくる建築の写真には建物が写っていない、景色しか写っていないとよく言われます（笑）。

貴 でもそれがいいんだよね。照明もそうでしょう。照明を写真に撮ろうとして、照明器具そのものを撮られるようではだめですよ。光があることによって、そこに人が集まっている、そういう場を生み出すことこそ、本物なんでしょうね。

ル・コルビュジエの照明も建物を照らそうとしていませんよね。角舘さんのやり方とそっくりだと思う。

角 似ているかどうかわからないけれど、たとえばラ・トゥーレット修道院（1959）のバックヤードの階段を歩いていたとき、コンクリート壁の切り欠きにランプが入っていて、すごいと思いました。コンクリートにソケットを仕込むという、おそろしいディテールをやっているわけですよ。この人は、どうしてここまで頑張ったのだろうと思った（笑）。

貴 ル・コルビュジエは、建物を照らしたらだめだと気がついていたのかもしれないね。

香港の超高層の景観はすごく壮観ですが、ビクトリアピークの上から香港島の南側に建つ集合住宅群を見たとき、電球がバーッとついていて、人の生活が見えるというのは、こんなにすごいことなんだと思いました。セントラル側の超高層群より、はるかにライブで美しい。

角 東京の集合住宅は、南側にリビングルーム、北側に共用廊下が配置されているのが一般的ですよね。だから、東京の夜景を北側から見ると、共用廊下に並ぶ蛍光灯の白い光の風景、南側はリビングに灯された電球色の風景になるんです。東京の夜景には表と裏がある。

ル・コルビュジエは、太陽が動く軌跡に対応した都市計画や建築のあり方を定義していましたが、彼がこういう東京の夜景を見たらどう思ったでしょう。もっとも、いまは共用廊下も電球色に変わってきていますから、以前に比べて裏表はそれほど明確ではなくなってきていますが。

手塚由比（てづか・ゆい）／建築家
1969年、神奈川県生まれ。1992年、武蔵工業大学工学部建築学科卒業。1992-93年、ロンドン大学バートレット校（ロン・ヘロンに師事）。1994年、手塚貴晴と手塚建築研究所を共同設立。2006年、UCバークレー客員教授。現在、東海大学非常勤講師。グッドデザイン金賞、日本建築学会賞ほか多数受賞。

親しみを感じる光、記憶に残る光

角 いま、照明の光源がLED化してきています。電球とLEDというのは、大きな隔たりがありますから、この新しい光源とうまくつき合っていける可能性を模索しているところです。

貴 電球とLEDというのは、光から受ける親しみが全然違う。確かにLEDはいいところがあるんだけれど、電球をそんなにいじめなくていいと思うんですよ。

由 エジソンが電球を発明してろうそくから電球に変わったこともすごい変化だったと思うけれど、電球では、ろうそくの質みたいなものがかなり維持されていると思うんです。LEDは寿命が長くて便利だから、私たちも最近は外構の照明に使っています。でも、生活の場の照明すべてをLEDにするというのは、まだ違和感がありますね。

角 手塚さんたちは電球しか使わないと誤解している人もいるかもしれないけれど、線光源や面光源が必要なところには蛍光灯も使っている。

由 蛍光灯を使うところはキッチンとか、場所を絞っています。蛍光灯だけということはありませんね。

貴 蛍光灯が出てきたとき、電球はなくなると言われていたけれど、結局なくなりませんでした。LEDと電球は違う機能だと思うので、LEDに代替できる照明が変わっていくだけのような気もします。

LEDと電球は、サプリメントとりんごぐらい違う(笑)。りんごの栄養素は全部入っているサプリメントを5粒食べても、りんごそのものにはかなわないでしょう。

由 食事を栄養だと考えると、サプリメントでもいいかもしれないけれど、食事というのはそれだけじゃ足りない。

貴 人は栄養のみにて生くるにあらず、ということ(笑)。

角 オフィス空間の生産性を上げるために高照度にするという考え方もあるけど、それはまさにサプリメントを大量に注入しているような状態かもしれませんね(笑)。

由 「鎌倉山の家」(2000)で初めて薪ストーブをつけた夜だったと思うんですが、電気を消して、火のまわりにみんなで集まったとき、火がゆらゆらして、それに合わせて、みんなの顔もゆらゆら照らされているのを見て、あかりってこういうものだなと思いました。私たちの細胞に書き込まれた記憶を呼び起こす力がある。

貴 そうだね。光がゆらゆらっとして、明るくなったり暗くなったり、揺れてみたりとか、それはとても自然なかたちでしょう。そういうノイズが人間には必要だと思う。

人間というのは、自然環境にいるのが本来の姿だと思うんです。だから、朝から晩まで昼間のような高い照度の環境で生活するというのは、不健康なこと。夜は少し暗くして、眠くなったら寝る。明るくなったら起きる。夏に比べて冬は寝ている時間が長い。人間が土の上で生きていた生活に戻していくのが、本来のあかりのあり方だと思う。

角舘政英

角　これは教育論にも発展できる話ですよね。家庭科の授業では、人間が生きるための栄養素については教えるけれど、いま手塚さんが言った、生きるために必要なプラスαの部分、先ほどの言葉を借りればノイズ的なものに関する勉強は一切ないまま大人になるわけです。でも今後は、そういうものこそ大事になってきます。

貴　先日、「宮城県山元町ふじ幼稚園」（2012）の園長先生に、子どもたちが描いた絵をたくさん見せてもらったら、みんな画用紙の左上に三角屋根のオレンジの家を描いているんです。それがすごくおもしろかったので、描かれた景色を実際に見てみると、その三角屋根の家はすごく遠くにあり、すごく小さいの（笑）。その手前に、もっとたくさんの家があるのに、それらは省略されていて、遠くに見える山とこの小さな家がすごく大きく描かれているんです。

角　記憶に残るものというのは、意識の中では2、3倍に増幅されているといいますからね。

貴　照明も同じだと思う。真っ暗な山の中に20ワット（W）の電球がポンとあると、それは限りなく美しい光に見えてくると思う。質の高い光が私たちに与える影響というのは、すごく大きいんです。

角　ディズニーシーでヴェニスの水辺が再現されていますが、実際のヴェニスの光の量に比べ3倍ぐらいあります。あれ以上増やしてしまうとウソになってしまうけれど、あれより少ないと、記憶に残るヴェニスとは違うから、ちょっとさみしいと感じてしまう。

由　人間は、自分に都合のいいように、環境を認識しているんですね。

貴　「縁日の光は、測ってみると絶対暗い

はずだけど、暗いとは思わないでしょう」と角舘さんに言われたことがあるけれど、たしかに、縁日を暗いとか陰気だとは、誰も言わない。光の量は少ないけれど、そこにある光になつかしさとか、親しみを感じるからなんでしょうね。

　たぶん、さっきの絵に関しても、子どもたちはあの小さな家にものすごく親しみを感じたんだと思う。そういう親しみを感じられるあかりというのをどうつくるか、大事なことだよね。

光にも「うまみ」がある

　🟢貴　私たちが食事や料理をするときになじみのある「うまみ」という概念は、アジア独特のもので、西欧の人たちがその存在を知ったとき、衝撃を受けたといいます。でもいくらうまみがあっても、かつおだしだけ飲んでも美味しくない。何かを加えたときに初めて価値が出るものです。

　音についても同じようなことが言えます。「聞こえる」「聞こえない」で測定すると、ある周波数から先は聞こえない領域になる。でも、可聴域を超える高周波が、美しさや感動をつかさどる基幹脳を刺激して音の魅力を高める（ハイパーソニック・エフェクト）ことが、科学者の大橋力さんらによって明らかにされています。大橋さんは、ジャングルで収録した音の周波数というのは、CDなどには収録できない、切り落とされるものが含まれるけれど、そこにある情報は、人間が進化してきた過程において細胞に書き込まれたもので、それこそ大切なものだとおっしゃっています。

　そしてそれは、光にも同じことがいえるんじゃないか。これはまだ明らかにはされていないけれど、光にも数字で測れない何か、「光のうまみ」とでもいうような部分があるんじゃないか（笑）。蛍光灯やLEDは、それが失われているから、親しみやすさが感じられない。角舘さんも苦労していますよね。光を定量化する際に切り落とされているところに、大切なものがあると思うんです。人間が肌で感じたり、もしくは温度で感じたりするのかもしれないけれど、それを明らかにすることはすごく大きなテーマだと思う。角舘さんにはぜひとも研究してもらいたいですね。

　🟢角　たしかに、そういう価値観を明らかにしていくということは、誰もやっていない。これは勉強したほうがよさそうですね。真剣に考えましょう（笑）。

「茅ヶ崎シオン・キリスト教会／聖鳩幼稚園」建築設計:手塚貴晴+手塚由比／手塚建築研究所、
照明設計:ぼんぼり光環境計画(2013)

収録作品データ

■太田市休泊行政センター（1998）
所在地：群馬県太田市
設計：今村雅樹アーキテクツ

■パシフィックガーデン茅ヶ崎（1999）
所在地：神奈川県茅ヶ崎市
設計：KTGY、安宅設計

■さいたま新都心　歩行者デッキ（2000）
所在地：埼玉県さいたま市中央区
事業主体：都市基盤整備公団
実施設計：日本技術開発
デザイン監理・全体調整：都市・建築計画研究所

■腰越のメガホンハウス（2000）
所在地：神奈川県鎌倉市
設計：手塚貴晴＋手塚由比／手塚建築研究所

■那須歴史探訪館（2000）
所在地：栃木県那須郡
設計：隈研吾建築都市設計事務所

■屋根の家（2001）
所在地：神奈川県秦野市
設計：手塚貴晴＋手塚由比／手塚建築研究所

■川越一番街「窓あかりの美しいまち」（2001）
所在地：埼玉県川越市
＊日本大学理工学部関口研究室と協働

■川口交差住居（2002）
所在地：埼玉県川口市
設計：高安重一／アーキテクチャー・ラボ

■新宿サザンテラス　トゥインクルライト（2003）
所在地：東京都渋谷区

■ヒルトンプラザウエスト
（第二吉本ビル）（2004）
所在地：大阪府大阪市北区
設計：竹中工務店

■南大門センターコース（2004）
所在地：韓国ソウル特別市中区
設計：SAKO建築設計工社

■北京建外SOHO（2004）
所在地：中国北京市
設計：山本理顕設計工場

■AIP　青葉亭（2005）
所在地：宮城県仙台市青葉区
設計：阿部仁史アトリエ

■マイウェイ四谷（2005）
所在地：東京都新宿区
設計：佐々木龍郎／佐々木設計室

■東京湾岸ストレージ（2005）
所在地：東京都
設計：SAKO建築設計工社

■藤井レディースクリニック（2005）
所在地：群馬県太田市
設計：アマテラス都市建築設計

■横浜元町仲通り─街路照明基本計画（2005）
所在地：神奈川県横浜市
＊日本大学理工学部関口研究室と協働

■相倉集落「ゆめあかり2005」（2005）
所在地：富山県東礪波郡平村
＊東京都市大学建築学科小林研究室と協働

■輪の家（2006）
所在地：長野県北佐久郡
設計：武井誠＋鍋島千恵／TNA

■オムロン草津事業所新3号館（2006）
所在地：滋賀県草津市
設計：竹中工務店

＊括弧内は竣工、プロジェクト実施年
＊照明設計はすべてぼんぼり光環境計画

■クローバーハウス（2006）
所在地：兵庫県西宮市
設計：宮本佳明建築設計事務所

■岩手県大野村まちづくり事業
街路灯整備計画（2006）
所在地：岩手県九戸郡大野村（現・洋野町）
設計：北沢猛／東京大学都市工学部北沢研究室、
日本大学理工学部関口研究室

■KCH／WHOPPER（2006）
所在地：埼玉県
設計：阿部仁史アトリエ

■b6（2006）
所在地：東京都渋谷区
設計：西森事務所

■越中八尾「夢あかり2006」（2006）
所在地：富山県富山市
＊東京都市大学建築学科小林研究室と協働

■Q-AX（2006）
所在地：東京都渋谷区
総合プロデュース：浜野総合研究所
設計：北山恒／architecture WORKSHOP

■大塚天祖神社・いちょう祭り
空間デザイン（2007）
所在地：東京都豊島区

■旧喜瀬別邸 ホテル＆スパ（2007）
所在地：沖縄県名護市
設計：観光企画、宮平建築設計、
ファイブディメンション
総合プロデュース：電通

■壇の家（2007）
所在地：長野県北佐久郡
設計：武井誠＋鍋島千恵／TNA

■陽を捕まえる家（2007）
所在地：東京都世田谷区
設計：手塚貴晴＋手塚由比／手塚建築研究所

■ABASQUE（2007）
所在地：東京都渋谷区
設計：佐々木龍郎／佐々木設計室

■シックイの家（2007）
所在地：山梨県
設計：武井誠＋鍋島千恵／TNA

■金沢ビーンズ（2007）
所在地：石川県金沢市
設計：SAKO建築設計工社

■横浜・山手111番館
―イルミネーション計画（2007）
所在地：神奈川県横浜市
＊東京都市大学建築学科小林研究室と協働

■ふじようちえん（2007）
所在地：東京都立川市
設計：手塚貴晴＋手塚由比／手塚建築研究所

■高野山真言宗 歓成院
大倉山観音会館（2007）
所在地：神奈川県横浜市
設計：手塚貴晴＋手塚由比／手塚建築研究所

■スカパー　東京メディアセンター（2008）
所在地：東京都江東区
設計：竹中工務店

■アステラス製薬つくば研修センター
居室・厚生棟（2008）
所在地：茨城県つくば市
設計：竹中工務店

■DNP 創発の杜　箱根研修センター2（2009）
所在地：神奈川県足柄下郡
設計：デネフェス計画研究所

■りすのき保育園（2009）
所在地：東京都多摩市
設計：デネフェス計画研究所

■AGCモノづくり研修センター
研修棟（2009）
所在地：神奈川県
設計：竹中工務店

■グローバルキッズ日吉園（2010）
所在地：神奈川県横浜市
設計：石嶋設計室

■いわき駅前ひろば（2010）
所在地：福島県いわき市
設計：都市・建築計画研究所

■徳島LEDアートフェスティバル（2010）
所在地：徳島県徳島市

■宇波東部新城（2010）
所在地：中国宇波市
設計：日建設計、A-I-SHA ARCHITECTS

■グローバルキッズ菊名園（2011）
所在地：神奈川県横浜市
設計：石嶋設計室

■みやしたこうえん（2011）
所在地：東京都渋谷区
設計：アトリエ・ワン＋東京工業大学塚本研究室

■鮨 銀座 ありそ（2011）
所在地：東京都中央区
設計：ツナミデザイン

■立川市 子ども未来センター（2012）
所在地：東京都立川市
設計：清水建設

■JR北本駅西口駅前広場（2012）
所在地：埼玉県北本市
基本構想：北本らしい"顔"の駅前つくり実行委員会（筑波大学貝島研究室、同大学渡研究室、同大学鈴木研究室、東京工業大学塚本研究室、森司、北本市〈都市計画課、道路課、政策推進課、産業観光課、生涯学習課〉、埼玉県〈都市計画課〉）、総合監修＝貝島桃代、塚本由晴
設計：土木＝国際開発コンサルタンツ（意匠協力：アトリエ・ワン）、建築意匠＝アトリエ・ワン

■岩手県釜石市松原地区・
照明社会実験（2012）
所在地：岩手県釜石市

■岩手県釜石市根浜海岸・
照明社会実験（2012）
所在地：岩手県釜石市

■岩手県釜石市観音寺周辺・
照明社会実験（2012）
所在地：岩手県釜石市

■横須賀の週末住宅（2012）
所在地：神奈川県横須賀市
設計：田邉計画工房

■上州富岡駅駅前整備（2013）
所在地：群馬県富岡市
設計：武井誠＋鍋島千恵／TNA

■茅ヶ崎シオン・キリスト教会／
聖鳩幼稚園（2013）
所在地：神奈川県茅ケ崎市
設計：手塚貴晴＋手塚由比／手塚建築研究所

■立川市立第一小学校（2014予定）
所在地：東京都立川市
設計：CAt／シーラカンスアンドアソシエイツ

■静岡県新居町新居関所前交差点
照明信号基本計画（未定）
所在地：静岡県浜名郡新居町

おわりに

　人が初めて手に入れた光は火である。洞窟の前に焚かれる火は闇の恐怖や危険を払うものであり、安全と文明の象徴であった。かつて船が灯台の光に向かうとき、旅人が町の光を見るとき、そこには単なる目印以上の意味があった。光は人の存在・文明の存在を示すものであり、だからこそ人々は夜の闇の向こうの光を目指したのである。人が光を灯すとき、そこには人の暮らしやその歴史・文化・行いが浮かび上がってくる。

　スイッチひとつで照明をオン・オフできることが当たり前の現代の生活の中で、光に対する私たちの意識は昔とは全く異なっている。しかし、いまでも祈りにはろうそくが灯され、祭りには提灯やランタンが掲げられ、人の集まるところにはかがり火が焚かれる。そういうとき、私たちは原初の頃と同じ光への畏怖と安堵を感じているのではないだろうか。

　LEDなどの新しい光源が普及しつつあるいま、光のあり方もこれまでとはがらりと変わっていくと予想される。そうした中だからこそ、照度基準や省エネルギーという技術的な視点からだけでなく光の意味を見直す必要があるのではないだろうか。人の行為・人と空間と光の関係を大切にした照明計画の考え方を示す本書がその一助となれば幸いである。

　暗闇に光が灯されるとき、そこには否応無しに意味が生まれる。時代とともに光も変わるが、ただ「明るく照らす」だけでなく人に寄り添い空間をかたちづくるその本質を忘れないようにしたい。

　これまで照明設計の機会を与えていただいた方々、また研究・調査にご協力いただいた地域住民、行政・大学関係者、学生の皆様に深く感謝申し上げます。

2013年8月

角舘政英＋若山香保

写真クレジット

Katsuhiro Miyamoto & Associates　42下
阿野太一　98
及川直哉　50上
木田勝久／FOTOTECA　103、111
彰国社編集部　104、107、109
竹中工務店　85上3点
富山市八尾山田商工会　75
畑拓（彰国社）　29上3点、31上、50下、89上、99、106
杨濱林・藤井洋子　70
宮下信顕　32上、39上2点、41上右

＊上記以外はすべて、ぼんぼり光環境計画

略 歴

角舘政英（かくだて・まさひで）／ぼんぼり光環境計画代表取締役

照明家、博士（工学）、まちづくりアドバイザー、一級建築士。日本建築学会、照明学会、日本都市計画学会、IALD（国際照明デザイナー協会）正会員。
日本大学理工学部建築学科卒業、同大学大学院建築学専攻修士課程修了後、TLヤマギワ研究所、ライティングプランナーズアソシエーツ（LPA）勤務。2000年、ぼんぼり光環境計画設立。2009年、博士（工学）取得（日本大学理工学部）。現在、東京電機大学、武蔵野大学非常勤講師。まちづくり・景観アドバイザーとして、八王子市・浦安市・世田谷区・品川区・千代田区に関わるほか、北本市観光協会観光アドバイザー。

若山香保（わかやま・かほ）／ぼんぼり光環境計画チーフデザイナー

日本建築学会・照明学会正会員。
2004年、早稲田大学理工学研究科建築学専攻修了。2006年、ぼんぼり光環境計画勤務。

ぼんぼり光環境計画としてのおもな活動は下記の通り。

[おもな受賞]
IALD建築照明デザイン賞優秀賞、IIDA（北米照明学会）国際照明デザイン賞、建築学会作品賞、照明学会照明普及賞優秀施設賞、照明学会照明デザイン賞優秀賞、グッドデザイン賞、JCDデザイン賞優秀賞、SDA賞、ディスプレイデザイン賞ほか。

[おもな作品]
＊括弧内は設計者
海泰国際大厦（A-ASTERISK、A-I-SHA ARCHITECTS）、ナチュラルストリップスⅢ（遠藤政樹／EDH遠藤設計室）、棚倉の茶界（FISH+ARCHITECTS）、シティータワー高輪（KTGY、住友不動産、安井建築設計事務所）、新宿MOA5番街（アプル総合計画事務所）、ステラヒルズ川西（今村雅樹アーキテクツ、佐藤光彦建築設計事務所、クライン・ダイサム・アーキテクツ）、石川県七尾市和倉温泉まちなみ整備計画（遠藤新／工学院大学）、上海パークプレイス（久米設計）、福岡市立博多小学校（シーラカンスK&H）、HK赤坂ビル（スタジオヴォイド）、田園江田幼稚園（仙田満＋環境デザイン研究所）、幕張新都心住宅地区SH2街区（曽根幸一・環境設計研究所、石嶋設計室）、深川不動堂（玉置アトリエ）、上海中信広場（日建設計）、Ds'Face（スピングラス・アーキテクツ）、SHIBUYA-AX（みかんぐみ）、TW-PJ（三菱地所設計）、NYH（aat＋ヨコミゾマコト建築設計事務所）、駒場の家（熊倉洋介建築設計事務所）、駿府教会（西沢大良建築設計事務所）、芥川ウエストサイドプロジェクト（風袋宏幸／フータイアーキテクツ）、日立の増築（松岡聡田村裕希）ほか。

行為から解く照明デザイン

2013年9月10日　第1版　発　行

編著者	角舘政英＋若山香保 ＋ぼんぼり光環境計画
発行者	下　出　雅　徳
発行所	株式会社　彰　国　社

著作権者と
の協定によ
り検印省略

自然科学書協会会員
工学書協会会員

Printed in Japan

Ⓒ角舘政英（代表）　2013年

ISBN 978-4-395-02107-9 C3052

162-0067　東京都新宿区富久町8-21
電　話　03-3359-3231（大代表）
振　替　口　座　00160-2-173401
印刷：真興社　製本：ブロケード
http://www.shokokusha.co.jp

本書の内容の一部あるいは全部を、無断で複写（コピー）、複製、および磁気または光記録媒体等への入力を禁止します。許諾については小社あてご照会ください。